好生活是整理出来的

[日]沙遥　著
郝晓宇　译

江苏凤凰文艺出版社
JIANGSU PHOENIX LITERATURE AND
ART PUBLISHING, LTD

什么是家务秘诀?

大家是否对“房间经常乱糟糟”“感觉做饭很麻烦”“周末只能以大扫除来度日”等事情感到压力大呢?

虽说做家务是每天生活的一部分，但每当想到“不得不做”的时候，身体便会没来由地僵硬，软弱无力。那么，你有没有考虑过“当做家务有了诀窍，得心应手时，会发生哪些奇迹呢？”虽然这听起来像是做梦一样，但或许在思考“要不要做”这个问题之前，身体就已经开始行动了。

本书中，沙遥女士介绍了很多简单易学的家务秘诀。首先，请先从“我想做”开始吧。

即使每天只做一点，如果长期坚持，也一定会找到适合自己的“家务秘诀”。

像每天早晨洗脸一样，在坚持中形成习惯，这就是家务的秘诀。

步骤 1

步骤 2

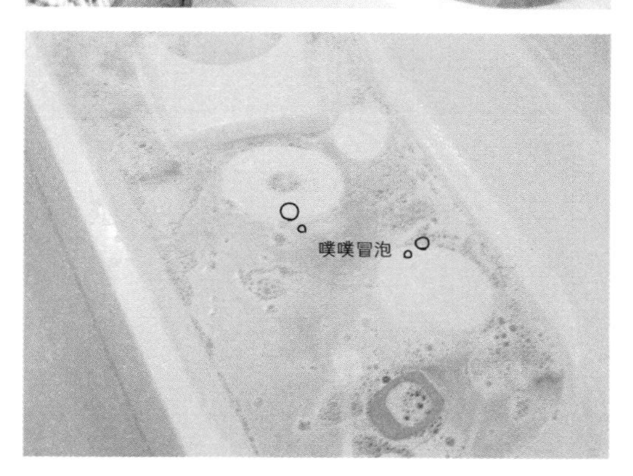

步骤 3

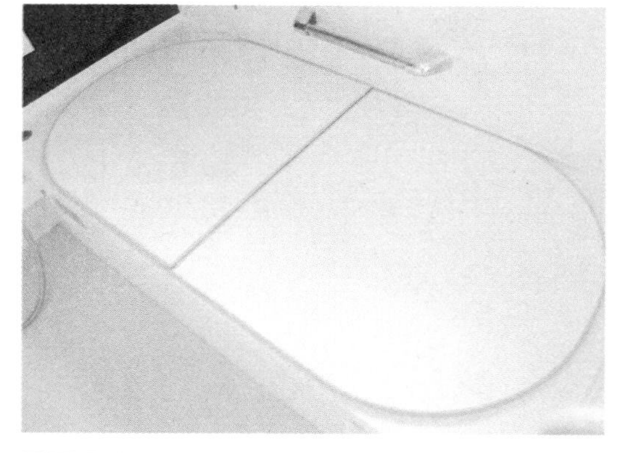

步骤 4

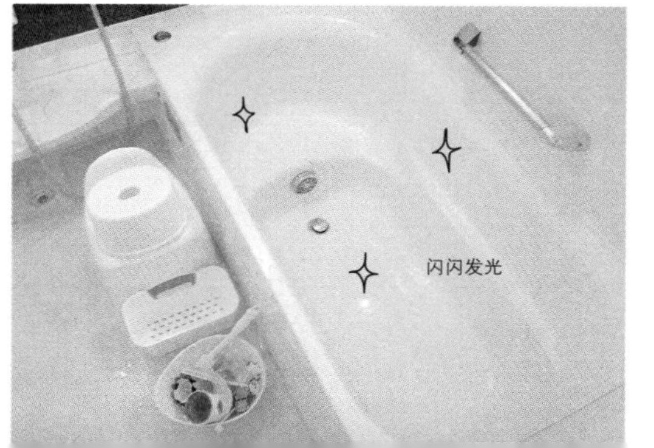

工作・絵・お手紙コーナー

序言

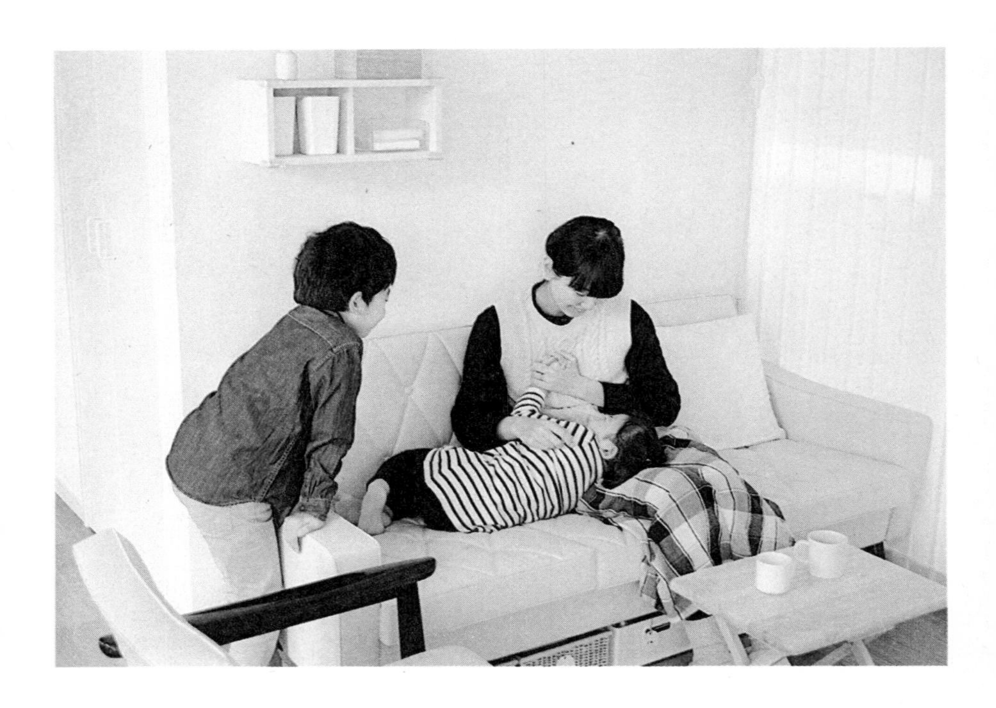

非常感谢您将这本书捧入手中。

如果您能把我当作您的邻居，以一种观察邻居做家务的心情来翻看这本书的话，我就心满意足了。如果您在每天持续的辛苦工作中，能有一瞬间想到这本书中的内容，想到“这条可能适用”“这一点可能不大合适”……这些对我来说都是意义非凡的。

我是日本福冈的一名家庭主妇，一边抚养小学一年级的儿子和幼儿园的女儿，一边在孩子们上学的时间工作。大家可能会认为我是因为非常喜欢做家务，才写出这样一本书，但其实我只想轻松自在地做家务。我经常会幻想，如果睡觉的时候房间把自己打扫干净，和孩子们玩耍的时候饭菜自己煮好的话，该多好。

一听到“打扫”“收拾”这样的字眼，就不得不摆出一副干劲满满的姿态，如果稍有懈怠，就会责怪自己邋遢。

这样很累，那么有没有更加轻松的方法呢？我依然在寻找答案。

我认为做家务，如果觉得累可以稍稍放松一下。我自己也有没有动力、沮丧，无法投入到家务中的时候。所以我会鼓励自己，平常多努力多坚持，即使稍微休息一下也能够心安理得。这样，每天我都会给自己的状态打一个满分。

沙遥

沙遥家的家庭成员和家

家庭成员

沙遥
丈夫
儿子（7岁）
女儿（4岁）
4人家庭

沙遥家

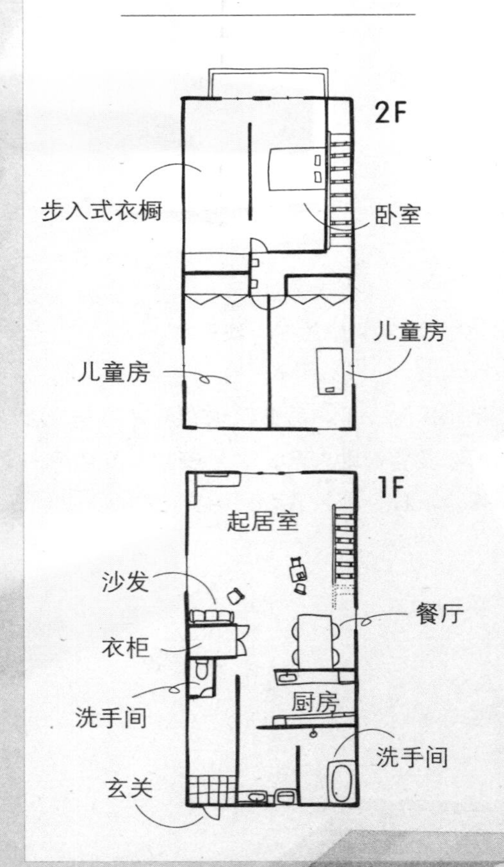

沙遥的早间家务

5:00 起床

换衣服，穿上围裙，化妆。
卫生间打扫3分钟，洗面台打扫2分钟

5:30 做早饭

同时做早饭和孩子及丈夫要带的便当

6:45 叫醒丈夫和孩子们

大家一起吃早饭

7:15 收拾

清洗收拾早饭的餐具

7:40 送走丈夫上班， 送儿子上学

送走丈夫和儿子后，准备女儿去幼儿园的东西

7:40 早间打扫

【客厅】墩布拖地2分钟、地面吸尘3分钟、抹布擦地板5分钟
【卧室】地面吸尘、叠被子、床上吸尘、芳香除菌喷雾共计10分钟

8:15 送女儿上学

送到汽车站。
顺便和女儿一起浇花，打扫玄关。

9:00前 休息时间

决定晚餐的菜单
（在回家晚或者没有动力的日子里，将冷冻常备菜移动到冷藏室里提前解冻。）

9:00 去打工

没有工作的日子，和同为主妇的太太们一起吃饭，或者一个人看书

沙遥的晚间家务

20:00 给孩子们读绘本

每天睡前给孩子们讲睡前故事

20:30 收拾

收拾餐桌周围

挂晾浴巾等洗澡用品

打扫浴室

煮沸、消毒毛巾

准备明天的便当，提前解冻食材

休息时间

23:00 睡觉

目录

第1章

守护家人健康的厨房

厨房是一个为珍爱的家人提供食物的地方，需要尽可能地保持清洁。但是，对于主妇来说，每次做完饭都要认认真真地收拾一遍却是一件头疼的事情。针对这一点，我们不妨尝试养成用喷雾清洁厨房用具、睡前提前收拾的好习惯，这样不仅高效而且清洁效果好。

清晨，当你踏入被擦拭干净的厨房之时，神清气爽的一天也就拉开了帷幕。

只需一晚，即可轻松清理水龙头中沉淀的水垢和污浊

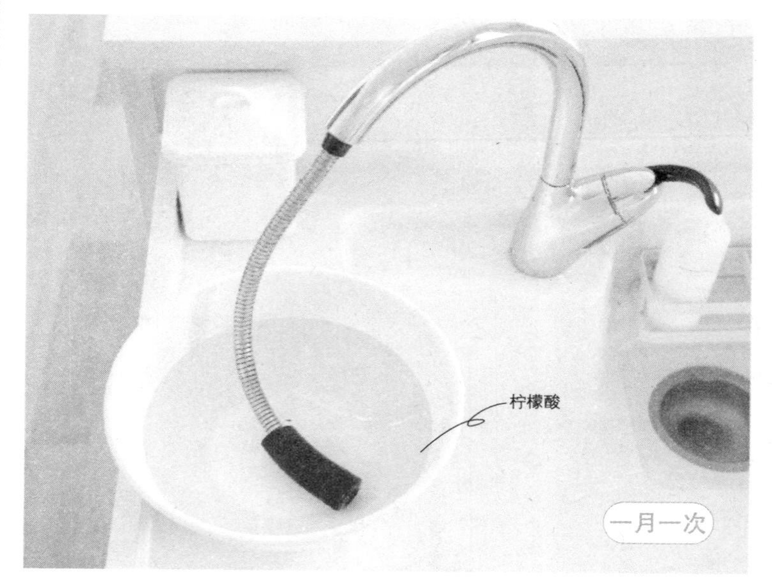

每月一次，睡前在洗脸池或者碗里盛满水，放入三大勺柠檬酸混合，再把水龙头放入其中浸泡。次日早晨，用蘸上清洁剂或者小苏打的牙刷轻轻刷洗水龙头，用水一冲水龙头就会变得洁净光亮。

柠檬酸除了有清除水垢的作用，还有除菌和消臭的效果。

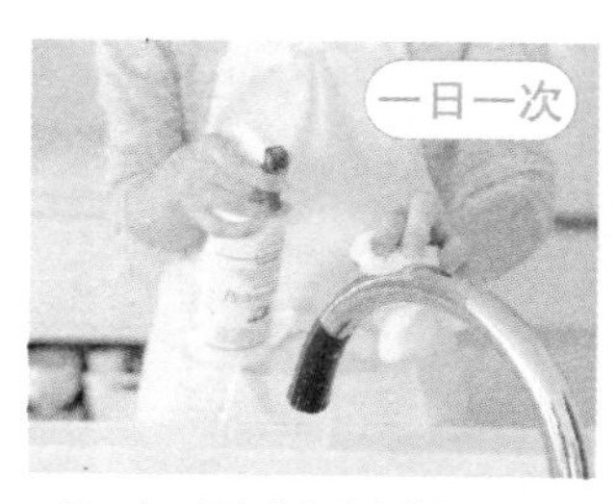

一天一次，用多佛尔清洁喷雾和抹布擦拭水龙头，会让水龙头变得清洁光亮。多佛尔清洁喷雾也可用来除菌和预防生锈。干净的水龙头会让人眼前一亮，给人带来一种厨房整体也很干净的感觉。

小贴士
柠檬酸
它是在用水的地方不可或缺的清洁小能手。

小贴士
多佛尔清洁喷雾
广泛应用于除菌和消臭，是一种对食品也可使用的高浓度酒精喷雾。

在平常看不到却易脏的地方提前铺好塑料薄膜

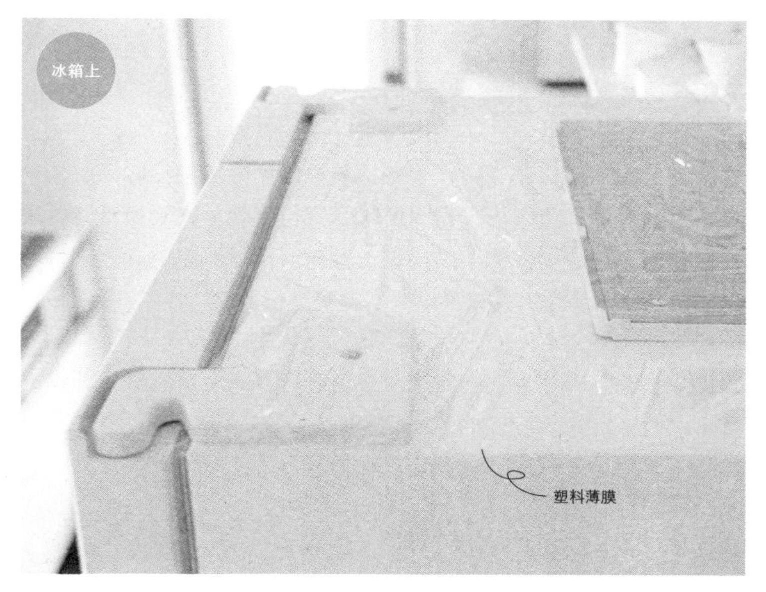

冰箱和换气扇顶部这种平常看不到的地方，日积月累就会积攒很多带有水分、油渍的灰尘，在这些地方提前铺好塑料薄膜阻挡灰尘，不失为一种好对策。定期更换塑料薄膜也能节省打扫的时间。

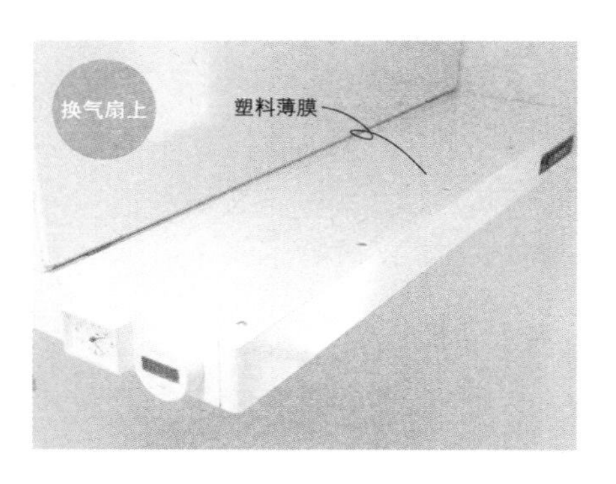

秘诀 03

在瓶类物品底部铺好厨房用纸预防污垢，更换时顺便擦干净周围

冰箱中的饮料瓶、调味料，厨房抽屉里的油瓶等都很容易脏，只要提前铺好厨房用纸，打扫厨房就会变得轻松。在更换纸时，还可以将它干净的一面翻上来铺好，重新利用。冰箱的其他部位可以使用多佛尔清洁喷雾或者电解水喷雾进行擦拭。

擦拭瓶类物品周围并更换厨房用纸，看似只是一个小细节，但这样可以使平常注意不到的地方保持洁净。

想要顺手擦拭的地方

- 热水器的遥控器
- 微波炉和电烤炉顶部
- 电灯开关
- 厨房抽屉把手

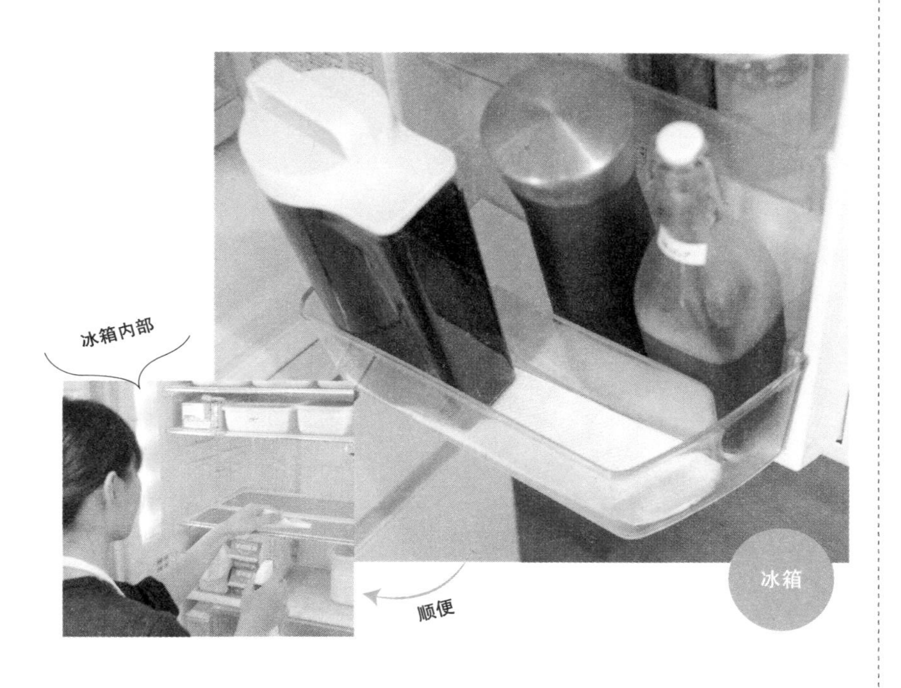
冰箱内部
顺便
冰箱

后门
顺便
抽屉
胡麻油

秘诀 04

防虫、除湿简单又彻底！

空豆腐盒

扫除

收纳

料理

将100g小苏打和少许咖啡渣（没有也可以）、10滴精油（推荐茶树精油和薄荷精油）混合后，放入空豆腐盒中，在顶部覆盖一层纱布，并用橡皮筋固定好，放在水池下方的空间里，用来代替除湿剂发挥作用。

干货等物品的防虫剂，可以使用商店里出售的“除螨二氧化硅”。不用担心有异味，有孩子也可以放心使用。

小苏打

有除臭和除湿作用，可用于家中许多地方。

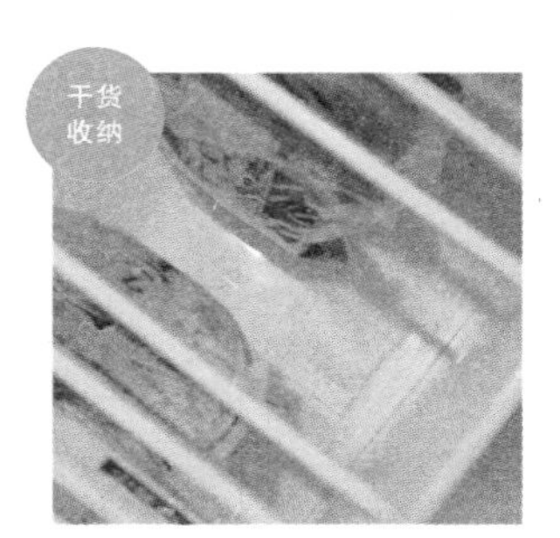

食品保存袋的循环利用需要制定规则

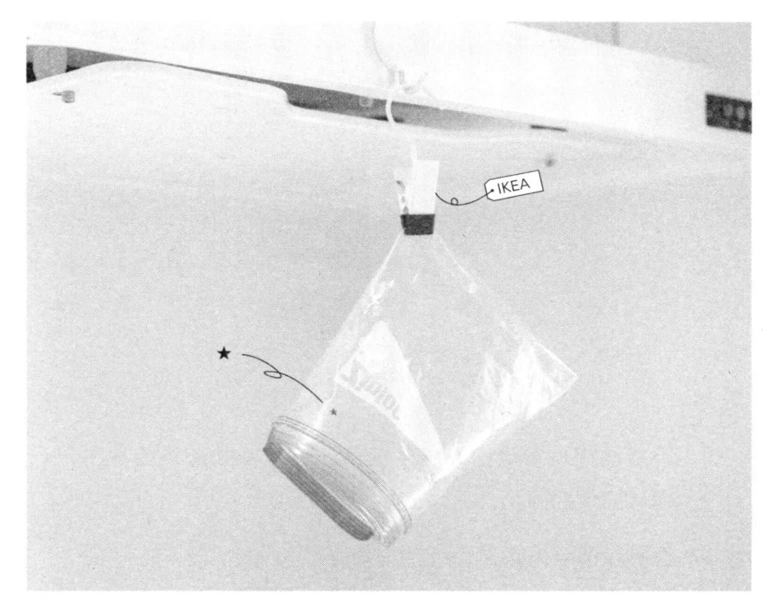

用保鲜膜、铝箔把肉和鱼类包好，放入保存袋中。食品不能直接放进保存袋，应先将保存袋内部翻出来用水冲洗。冲洗完后可喷洒清洁剂并轻轻擦拭水汽，在通风好的地方晾干后再使用。

每次使用完后，盖一个“★”印章，盖满3个后不再使用。制定这样的标准，可以避免过度使用。

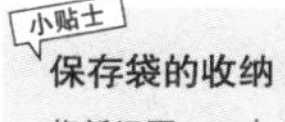

保存袋的收纳

将新旧不一、大小不同的保存袋分类整理放入牛奶盒中。

秘诀 06

在睡前或者当你意识到的时候，用清洁剂清洁海绵和抹布，进行除菌

用清洁剂喷雾清洁易滋生细菌、有异味的海绵和抹布，即可简单除菌。

睡前除菌可以说是每天的必修课。

经常用清洁剂喷雾喷洗有异味的抹布，即使在梅雨季节也可以消除异味。

刷碗专用海绵也可以刷瓶子

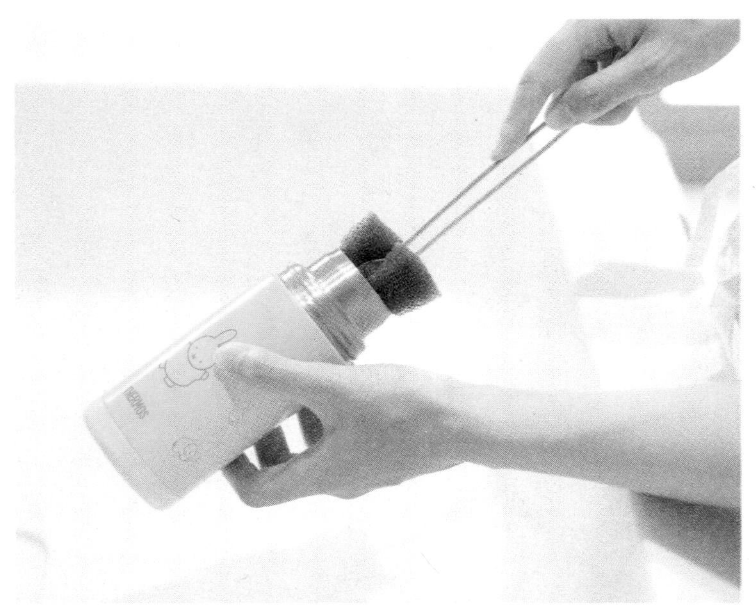

如果厨房新增了清洗水杯和瓶子的专用刷子，你会不会为清洗完毕后这些刷子的干燥和保管而头疼呢？所以，为了尽量避免厨房里刷子类工具过多，可将刷碗专用海绵与无印良品的海绵夹组合使用。只需清洗海绵并去除水分即可！

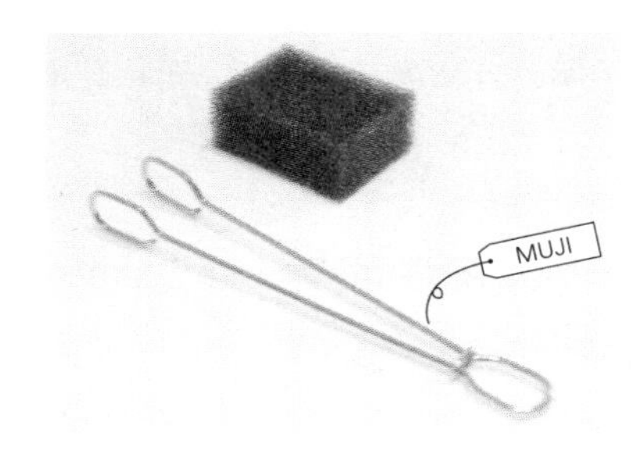

小贴士

刷碗专用海绵

见102页的推荐物品。

秘诀 08

毫不费力地清洗脏兮兮的换气扇和难以清洁的制冰机！

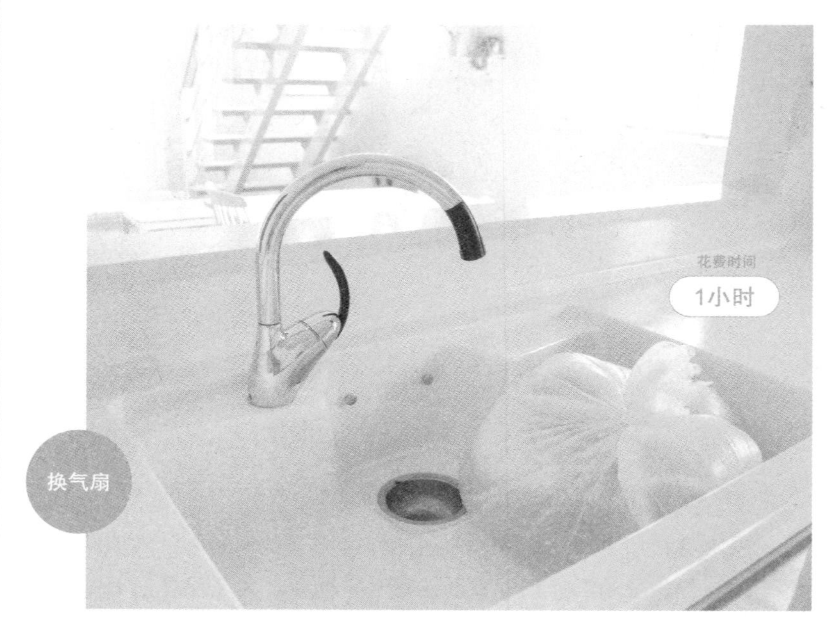

容量为45L的两个垃圾袋套成两层放入水槽中，把换气扇拆分，放入其中。将热水器的温度设定为高温，并向袋中注入热水，再放入2勺左右的含氧漂白剂，轻轻摇晃溶解。

将袋口打结，搁置1小时左右污垢会自动浮在水面上，再用牙刷清洗即可轻易去除污垢。

污垢太多的话，液体会变污浊，呈现茶色。清理干净后会带给人一种成就感。

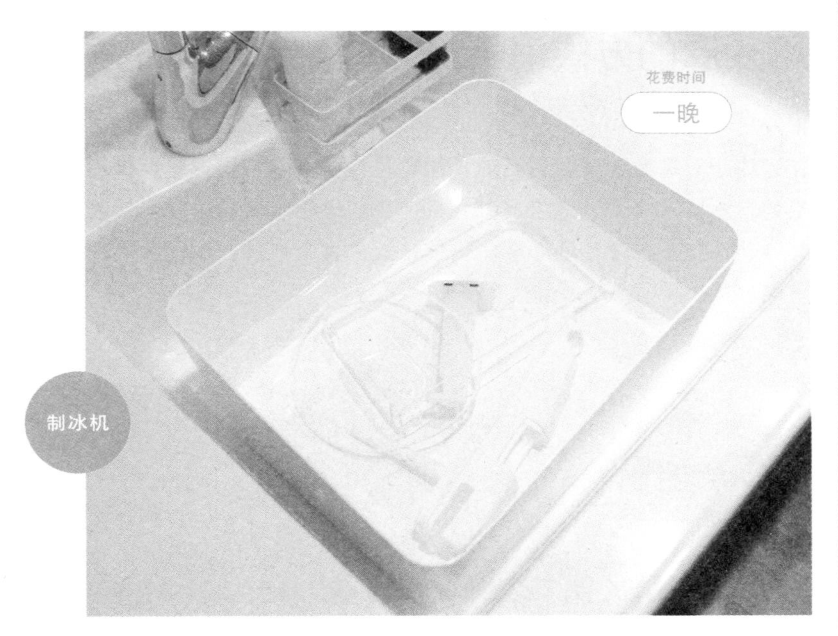

当你发现制冰机上有霉菌时，将制冰机的槽和过滤器等可以拆分的零部件全部放置于柠檬酸水中。第二天一早，用水好好冲洗，即可除菌和消臭，且不会残留水垢，非常洁净光亮。

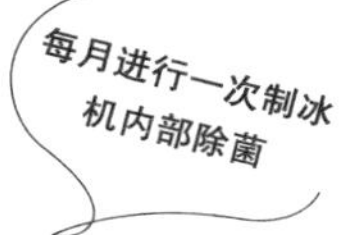

可在吸水槽注满水后放入1小勺柠檬酸，制冰一次。为预防家人误食，可在制冰机外部贴上“除菌中”的便笺。完成后，再制一次冰即可正常使用。

秘诀 09

用煮沸的方式消毒抹布，结束一天的家务

在完成所有家务离开厨房之前，需要将抹布煮沸消毒，能用火加热的容器皆可完成消毒工作。我家使用的是厨余垃圾小盒，带着“今天你也辛苦了”的心情，将抹布放入盒中煮沸，达到除菌的效果。

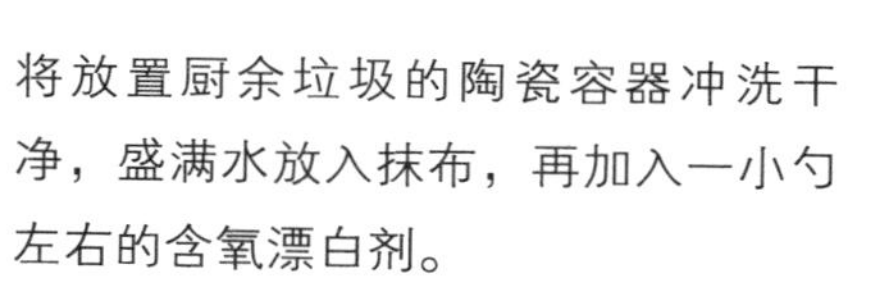
将放置厨余垃圾的陶瓷容器冲洗干净，盛满水放入抹布，再加入一小勺左右的含氧漂白剂。

一加热，就会出现泡沫。偶尔用勺子按压，让泡沫均匀分布在抹布周围。

扫除

收纳

料理

含氧漂白剂

和热水混合会起大量的泡沫。

3

起沫后（我家的陶瓷盒在2分钟左右）关火，浇冷水冷却后取出，和别的衣服一起晾干。

4

将陶瓷盒中剩余的含氧漂白剂倒入排水口，既能除菌，又能防止异味。

不容易取东西的地方需要空出一些空间

当看到放置物品的地方有空间时，你是不是总想着先往里塞东西呢？洗涤槽下方抽屉并不是方便拿东西的收纳空间，只要稍稍空出一些空间，就会方便许多。

把面粉类和调味料从原包装中全部倒入1.4L的密闭罐中。

面粉可放800g，砂糖650g，富强粉1kg，开封后可用230g做面包，剩余部分即可全部装入罐中。

按照密闭罐的容量去采购，就不用担心存放问题了。

干货需要在“保质期内食用”并在“把握存货”上下功夫

将常用食品放在固定位置，有利于及时补充。

像通心粉这样的干货，可利用LIHIT LAB牌的滑条将封口封好，挂在收纳盒中。这样就可以防止包装袋较小的食品被压在下面，以免错过保质期。

别人送的或是偶尔买的东西，用贴纸标注一下可以防止遗忘。

未开封的食品就这样放置即可，开封后的食物要放入保存袋中，用滑条封口放置。

沙遥家冷藏室的7个小创意

可以将药箱放入冷藏室中

可将放有退烧药和感冒糖浆等部分药品的药箱放在冷藏室中。注意，这里不适宜放瓶身高的物品，适宜放瓶身低的物品。

倒立存放

将蛋黄酱、沙司倒立存放在某一固定位置，并做好标记。这样，即便是其他人负责收拾也可以轻易地放回原位。

难取出物品的地方可放入带有把手的盒子

从左到右依次是放入五谷、麦米、酱汁、鲜汁汤的盒子。有把手的话，更易于取出，可有效利用冰箱最上面的那一层。

可以直接放到餐桌上的早餐盘

因为我家的早餐以米饭居多，所以把每天要吃的鱼粉拌紫菜和咸梅干直接放在早餐盘上储存，这样会让匆忙的早晨变得有序。

将常用的食材固定放在一处

为了及时把握豆腐等常备食物的存储状况，将它们存放到一个固定位置。

早点儿将即将过期食品转移到“尽快食用盒”中，防止浪费

经常会发生“等到发现的时候已经过了保质期”这种事情。所以将保质期短或者快要过期的食物统一整理存放在“尽快食用盒”中。

设置常备菜固定位置

为了及时掌握每周常备菜的剩余量，将这些菜品固定放在同一位置。

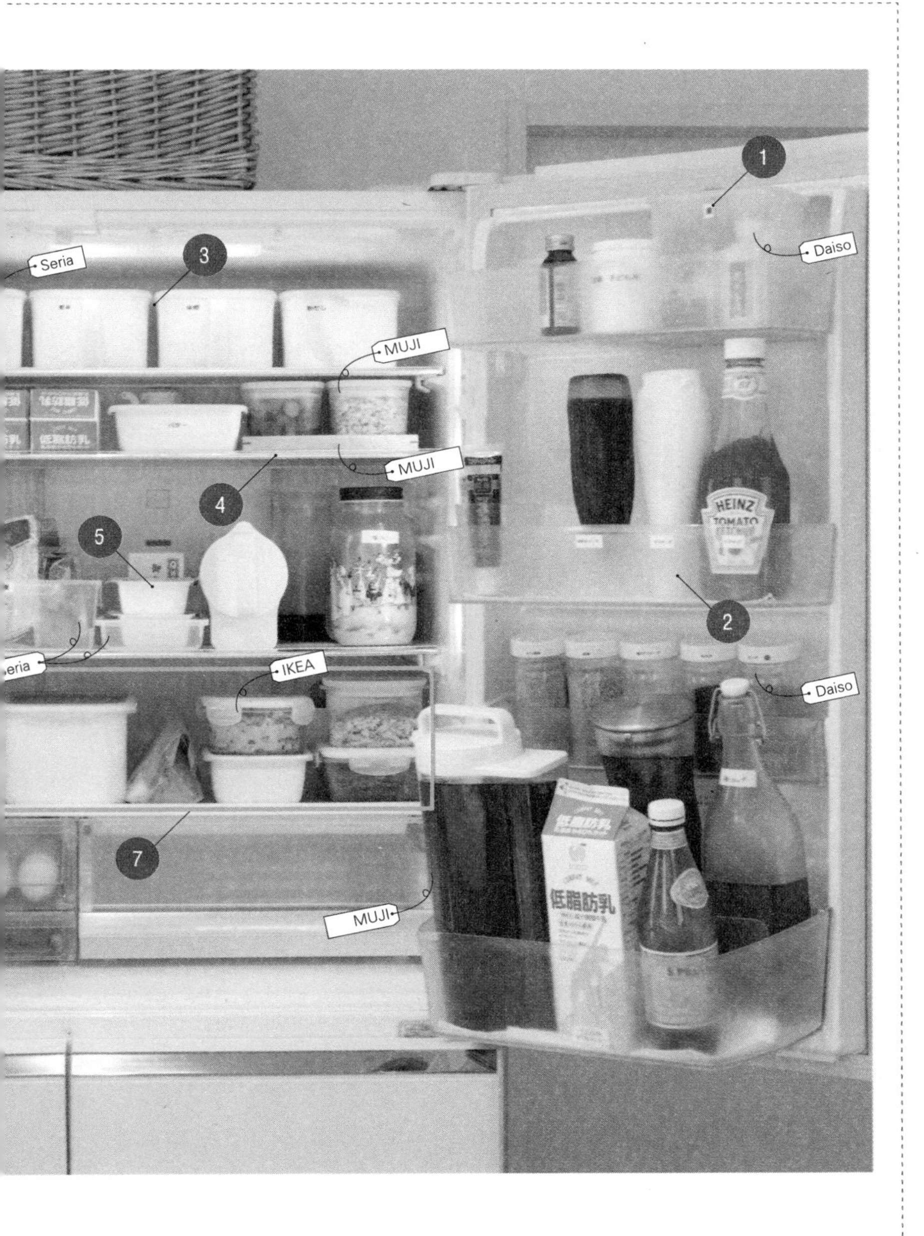

1
Daiso
Seria
3
MUJI
MUJI
4
5
HEINZ
TOMATO
2
IKEA
Daiso
低脂防乳
7
MUJI

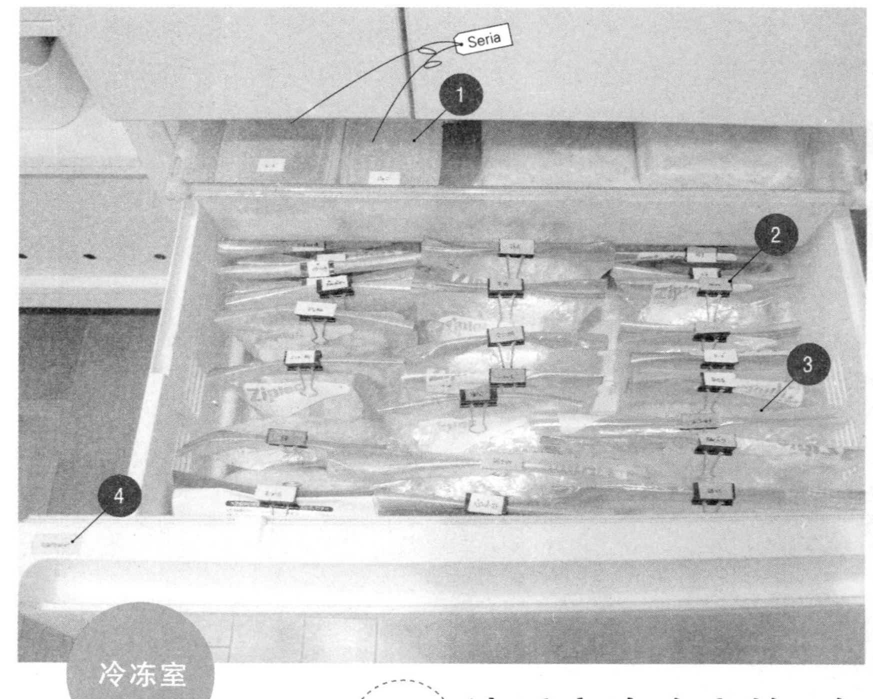

冷冻室

秘诀 13 沙遥家冷冻室的4个小创意

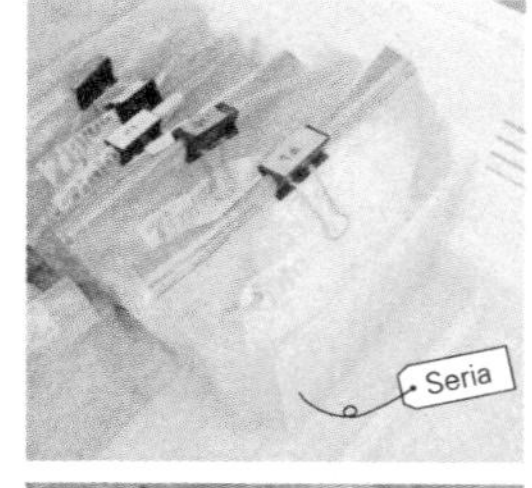

1 将易散落的食材放入盒子中

比起保存袋，可以将葱、小杂鱼等容易散落的食物存放在盒子中。这样也可以有效利用高度较低的抽屉。

2 用不同颜色的透明胶带标记库存

将不同颜色的胶带贴在夹子上，粉色标记肉类，蓝色标记鱼类，其余标记为白色。这样就可以一目了然掌握食品的存放情况。

3 放置防倒工具

周末，冷冻室会接近空空如也的状态。如果放置一个防倒工具，可防止保存袋倾倒，整理起来也会很方便。

4 写下想尽早食用完的食材名称

请将已经长时间冷冻的食品名称或想要尽早吃完的食品名称写在透明胶带上，贴在冷冻室周围防止忘记。

扫除
收纳
料理

尽量将蔬菜隔开，竖着存放

蔬菜室

要点

像保存花一样，在塑料袋中放入水，将小白菜等带叶子的蔬菜的茎置于水中，叶子就不容易枯萎。

使用透明盒将蔬菜室分开，并将蔬菜竖着存放，会让蔬菜室显得井井有条，便于整理。把大叶蔬菜打湿后用保存袋包裹，再放入其中保存。

常温保存

将根菜类食材放入纸袋，置于专用盒中

将常温保存的根菜类蔬菜根据其种类不同，放入纸袋中进行保存。如果洋葱或者芋头表面的土将纸袋弄脏，扔掉纸袋重新购买即可。也可利用家里存放的一些纸袋，可谓一石二鸟。

秘诀 15

每天必看的收纳空间——带有磁铁夹的冰箱侧面

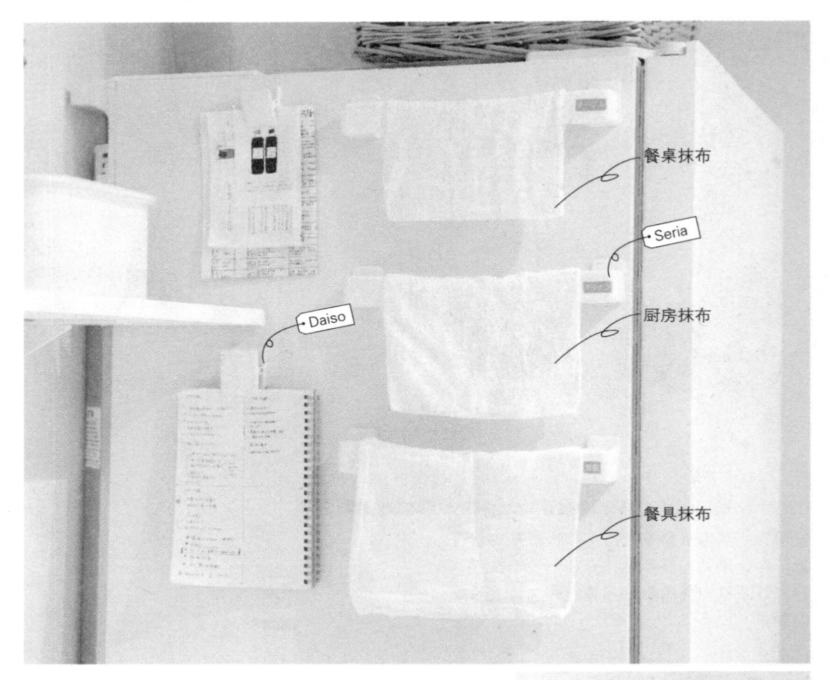

冰箱侧面平常并不会引起我们的注意，但它正是厨房中最好的位置，最适合悬挂物品。如抹布和常备菜的备忘录、给孩子们准备的菜谱、说明书等都可使用磁铁夹固定在这里。

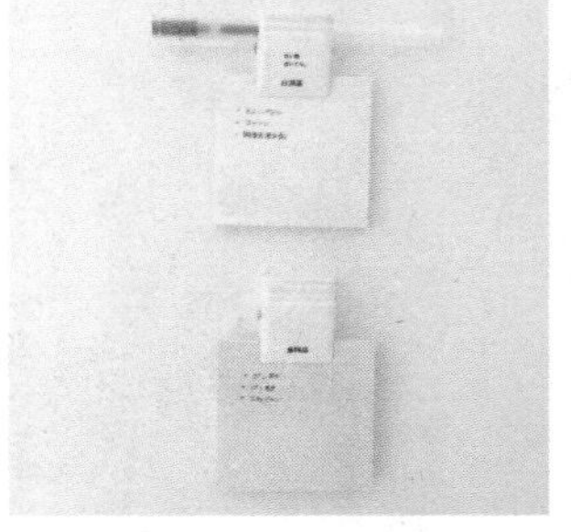

冰箱的另一个侧面因为距离洗菜池很近，会贴一些需要购买的日用品和食品清单。需要的时候，取下清单就可以直接去购物了。

小贴士

磁铁夹

冰箱上的磁铁夹承重量是很重要的。

时尚的收纳盒可用来装饰

大小适中、适用于室内装饰的收纳盒，可摆放在装饰架上用于装饰。把自己喜欢的收纳盒摆放在能够看到的地方，会让人心情愉悦，激发自己收纳整理的热情。

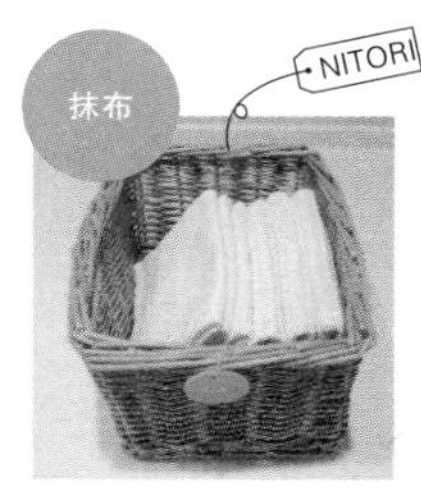

这个收纳盒可用于存放擦手和擦餐具专用抹布。

把咖啡过滤袋和茶包等收入陶瓷容器中，有效防尘。

放置塑料餐具的这个篮子购买于DEAN＆DELUCA商店。孩子们的朋友来玩的时候，就可以直接把它拿到餐桌上。

这是一个放置外出时需要用到的零食、点心、方便面的地方。为了不让孩子们随意打开，可将它放在孩子们够不到的地方。

秘诀 17

毛巾架非常适合放置垃圾袋

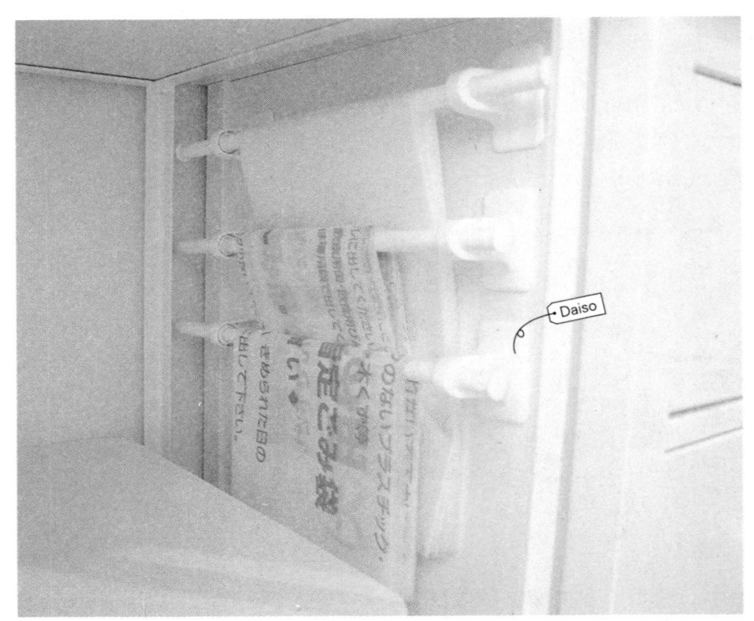

在垃圾箱的侧面放置毛巾架，按照不同尺寸分别将垃圾袋挂在毛巾架上。既方便一张张抽取，又方便保存。

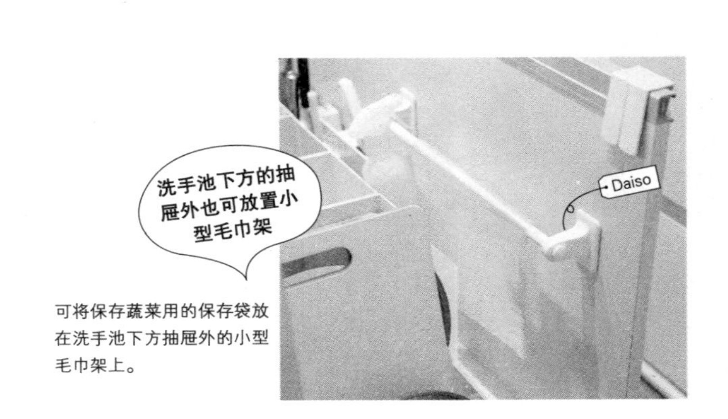

可将保存蔬菜用的保存袋放在洗手池下方抽屉外的小型毛巾架上。

调味品是做饭时不可或缺的材料，做标记更易于甄别

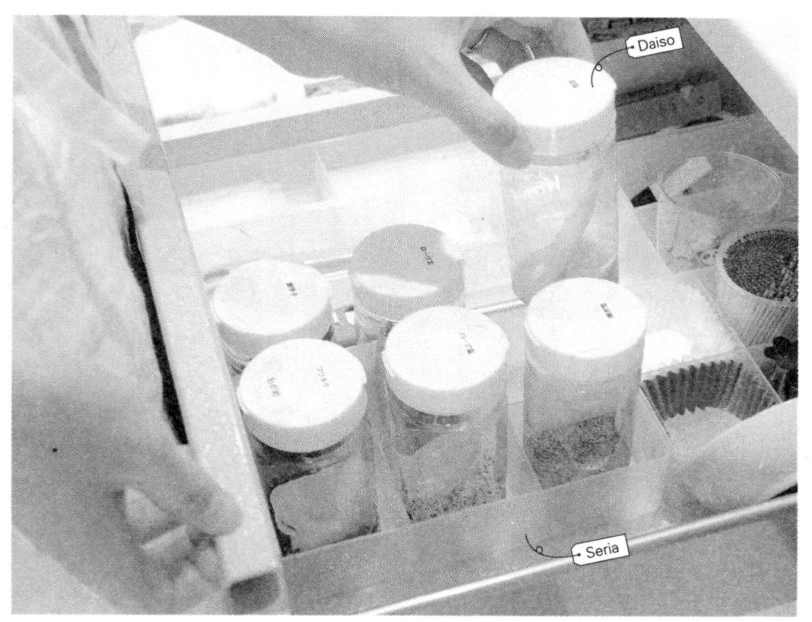

盐、胡椒等在平常做饭中使用频率高的调味品，都可从原包装倒入调味罐中。为了迅速找到所需，可对所有调味罐做好标记。为防止瓶子倾倒，可将调味罐分别放入事先归置好的6个方格中。

也可以放在冰箱中

从上往下看是这样的！

扫除

收纳

料理

秘诀 19

深抽屉的收纳方式

洗手池下方的深抽屉，易于收纳体积大的厨房用品。可利用书立架，将抽屉分隔成合适的大小。

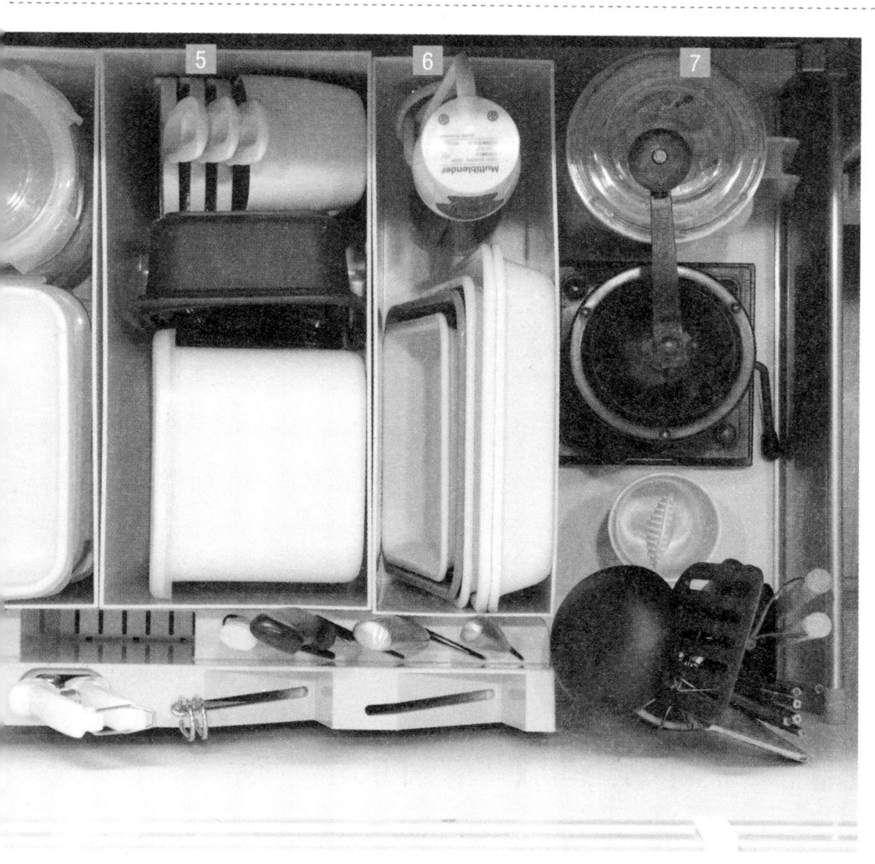

第①列

放有锅盖、烤箱板、砧板，并放入书立架，防止物品倾倒。

第②列

把在超市购物拿回来的塑料袋卷成小团，进行收纳。

第③列

放置四类食品保存袋，包括新的、旧的（可再次利用的）和大小不一的保存袋。还放有包裹厨余垃圾时使用的报纸。

可将牛奶盒裁剪开来用于放置保存袋。为防止取出保存袋时牛奶盒移动，可利用夹子固定。如果脏了的话只需更换牛奶盒即可，方便快捷。

第④列

用于放置沙拉和常备菜的保存容器，尽量放满此空间。

第⑤列

削皮器、沙拉专用保存容器。

第⑥列

放置尺寸不同的陶瓷盆等。

第⑦列

放置咖啡机和筷子筒等，可将这些用具连带置于其中的物品一并移动到任意地方。

还有很多 **厨房清洁秘诀哦！**

秘诀 20 排水口不盖盖子反而更干净

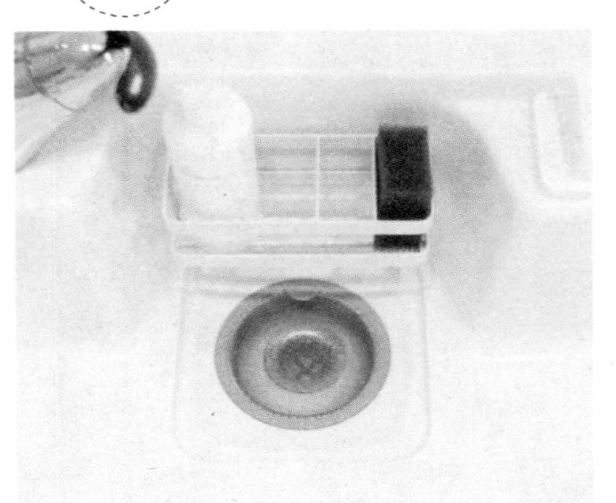

如果不想让污垢积淀，就拿走排水口的盖子，这样水渍容易干，同时可以直接看到脏东西，及时清扫。如果在有客人来的时候，觉得不够美观，把盖子盖上即可。

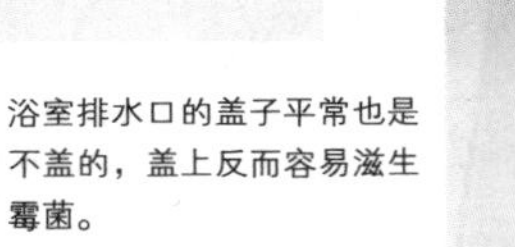

浴室排水口的盖子平常也是不盖的，盖上反而容易滋生霉菌。

秘诀 21 不是“放”，而是“挂”

直接将物品放置在桌面或台面上的话，会显得厨房很小。擦东西的时候，移动物品也很浪费时间。把可以挂的物品，如喷雾器等都悬挂起来，这样会节约空间，打扫也会方便很多。

扫除

收纳

料理

秘诀 22 确定更换抹布的日期，让自己更加安心

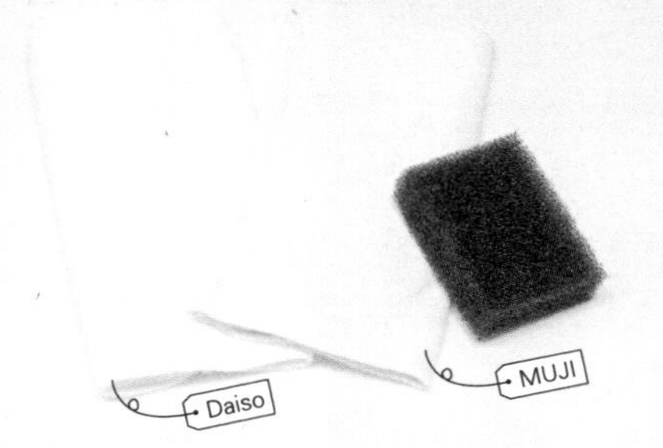

水槽用抹布、餐桌用抹布、分成两半的海绵抹布，每月第一天全部换新。

秘诀 23 每日存取餐具只需一步

盛米饭用的碗、盛常备菜用的碟子，每天都是固定的。如果将它们都放在托盘上，取出的时候就可以一次性取出，避免多次往返。

第2章

在惬意的空间里消除自己一天的疲惫

浴室是一个可以泡在浴缸里消除一天疲惫的地方。在这个惬意的空间里，可以把自己重新归零，为明天的到来做好准备。

对于霉菌、水垢多的浴室，使用悬挂式收纳法更合适。为防止霉菌繁殖，不要放置过多的收纳工具，这也会更方便家人活动。另外，存放牙刷、香皂等零碎物品时，贴便笺会更方便家人查找。

如果能将这个有限的空间布置得井井有条，掌握扫除及收纳要领的话，浴室将成为结束一天辛劳的完美场所。

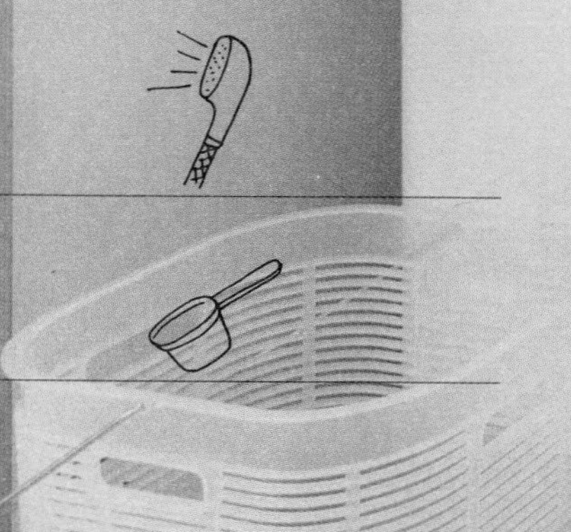

秘诀 24

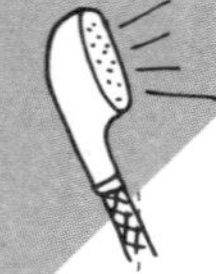

洗完澡后拿抹布擦拭洗浴设备1分钟，可防止水垢生成

洗完澡后，用毛巾快速擦拭浴室墙壁、镜子等有水珠，易生成水垢的地方。可以用擦身体的毛巾，也可以使用专用毛巾，只要是能擦干净水珠的毛巾就可以。

水珠放置时间长的话会形成水垢，这样每天只要花费1分钟，扫除就会变得很轻松！

对付顽固水垢，该怎么办呢？

①将浸在柠檬酸水（水200ml+柠檬酸1大勺）中的纸巾和保鲜膜铺在顽固水垢上，约1小时，再使用小苏打或者清洁剂清洗。

②如果方法①不奏效，可以使用不透水的砂纸进行擦除，一定要使用耐水性强的砂纸。

浴室门前的缝隙中也容易积水，容易生成水垢或霉菌，所以要记得用毛巾擦拭。

对于浴室的顽固霉菌，可使用厨房用漂白剂

即使每天打扫浴室，到了梅雨季节也会滋生霉菌。这时就可以使用厨房用漂白剂。在霉菌滋生的地方，铺上浸满漂白剂的厨房用纸，搁置一晚。

如果这样也无法擦除，请重复这一步骤。同时，不要忘记确认一下漂白剂是否会导致物品掉色。

厨房用漂白剂

在含氯漂白剂中，厨房专用漂白剂是最强效的。我家的含氯漂白剂就只有这一瓶。另外，因为溅到衣服上，会引起衣服掉色，所以使用时一定要注意。

秘诀 26

每月一次全面打扫浴室——“咕咚计划”

在泡完澡后的热水中加入含氧漂白剂。虽然很简单，但从洗漱用品到洗浴设备，都可以清洗得非常干净。还可以放入凳子、桶、浴室专用刷、孩子玩具等浴室用品进行清洗。

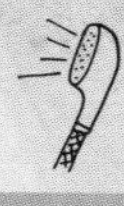

1 在家人泡完澡后的热水中放入洗脸盆、玩具等，然后加入3勺左右的含氧漂白剂。

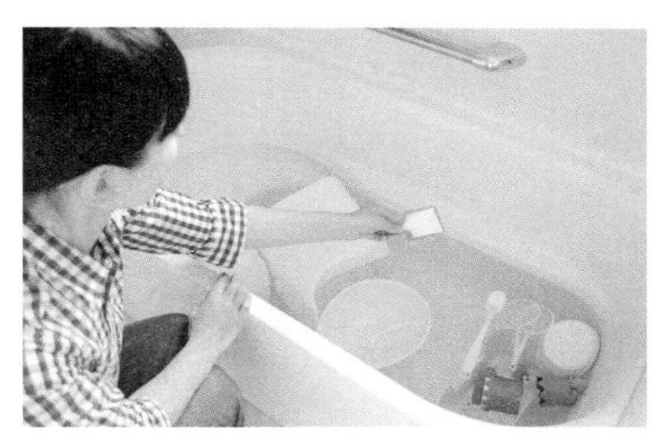

2 尽量不要让水温下降，清洗水要留到第二天早晨。在此期间，浴室中的水垢和污秽都会被清理干净。

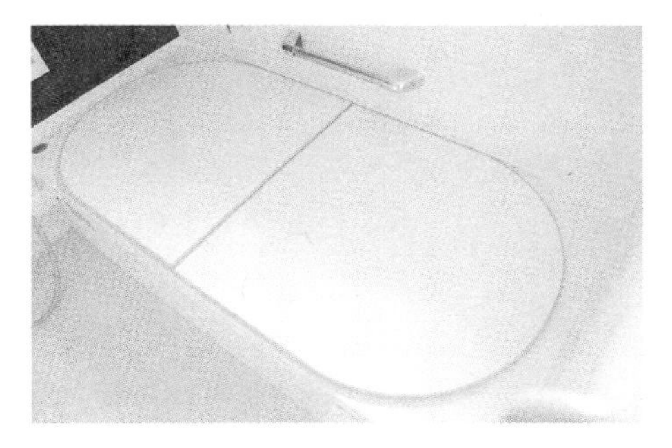

3 第二天早上放水，并冲洗干净浴缸内的物品。重新将浴缸盛满水，彻底清洗干净。

秘诀 27

洗面台不需要海绵，一块抹布即可擦拭洁净

从镜子到洗面台，一块抹布就可以搞定。这里是早晨起床最先打扫的地方，每天都在固定时间打扫会事半功倍。

1 按压两次清洁剂，滴在抹布上。

2 用抹布擦拭干净镜子上的污垢和水渍。

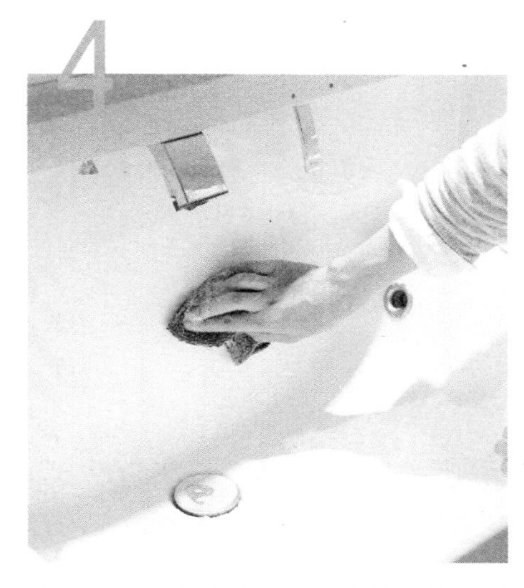

将水龙头周围不锈钢的部分擦拭干净。顺便擦拭干净洗面台下方柜门把手、电灯开关等地方。因为这些都是孩子们一进家门就会触摸到的地方，会有很多细菌和脏东西。每天只需轻轻擦拭就可以变得非常干净。

最后，用肥皂清洗洗面台内部，也可以用洗手液等。将擦拭完的毛巾放置在洗面台附近，可随时擦拭水渍，晚上放入洗衣机即可。

秘诀 28

清洗洗衣机，可以使用两种漂白剂

含氧漂白剂有去污除菌功效，含氯漂白剂有强力杀菌去污功效。将二者每月交替使用，效果更佳。

洗涤完后可喷入多佛尔清洁喷雾，打开洗衣机的机盖放置一会儿。

【含氧漂白剂的使用方法】

①用软管给洗衣机注满热水。
②放入5勺含氧漂白剂，开启洗涤模式5分钟。
③放置一晚后，次日早晨继续清理污渍。
④再次洗涤5分钟，清除污渍后，脱水完成清洗。

【含氯漂白剂使用方法】

①将洗衣机注满水，放入300ml厨房专用漂白剂，开启洗涤模式5分钟后放置到次日早晨。
②次日早晨，再次洗涤脱水完成清洗。

具有神奇作用的“宜家魔法收纳盒”

孩子们的衣服洗好后，可以让孩子们自己叠好收起来，放在收纳盒中。盒子很轻，孩子们也可以轻松移动。还可以层层堆叠，便于存放。叠好的大人衣服也可放入收纳盒，再置于壁橱中。

孩子可以自己收纳

卫生间清洁秘诀哦！

秘诀 30 3分钟即可轻松搞定卫生间

用到的清洁剂

A 电解水喷雾（地板、墙壁）

B 柠檬酸、小苏打（卫生间）

1 墙壁、地板、马桶盖等马桶以外的地方都可喷上A（电解水喷雾），再用厕纸擦拭。白天孩子弄脏卫生间，也可用同样的方法清洗。如果脏东西难以去除，可使用牙签或刮刀抠干净。

2 马桶中可喷洒B（柠檬酸或小苏打），并用可更换刷头的马桶刷来刷洗。对于每天使用马桶刷的我来说，频繁更换马桶刷会增加成本，所以在马桶刷外围包裹2张可直接冲洗掉的湿纸巾更划算。使用完毕后，将马桶刷放在密闭容器中保存。

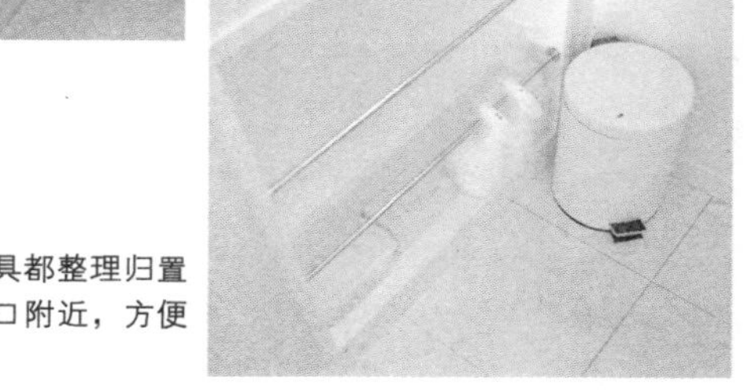

这些打扫用具都整理归置在卫生间入口附近，方便快速取出。

睡觉时，可以让马桶变得洁净透亮无污渍的方法

用到的清洁剂

C 小苏打200 g

D 含氧漂白剂1勺、60℃左右的热水1 L

1 每天打扫完坐便器后，打开水箱盖，将C（小苏打200 g）倒入，放置到次日早晨使用卫生间的时候，按压冲水按钮，将其冲走。这样可有效清除水箱盖中的黑色污渍，坐便器中的黑色污渍也会随之减少。

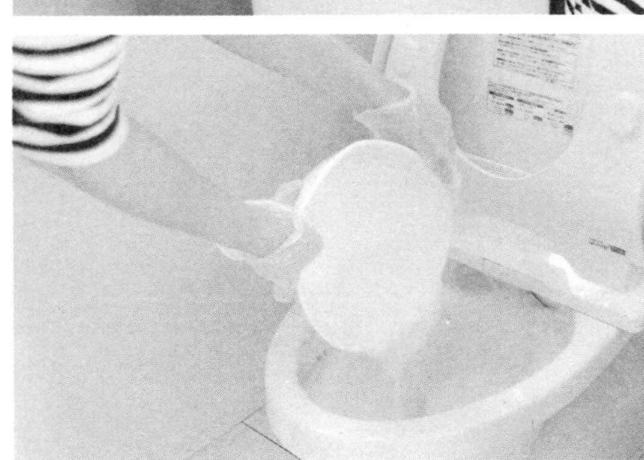

2 在坐便器中滴入D（含氧漂白剂），用马桶刷全面刷洗，并使用沾有清洁剂的厕纸擦拭坐便器边缘。打扫的时候要记得开换气扇防止异味。放置到次日早晨，按压按钮冲走即可。周日早晨，可以偷懒一下。

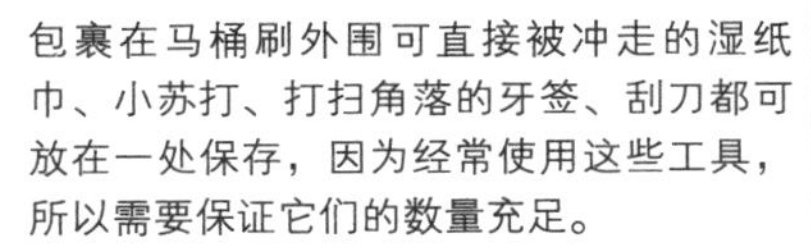

包裹在马桶刷外围可直接被冲走的湿纸巾、小苏打、打扫角落的牙签、刮刀都可放在一处保存，因为经常使用这些工具，所以需要保证它们的数量充足。

秘诀 32

没有归置空间，悬挂式收纳法可一次性解决收纳难题

放在浴室中的洗发水容易被淋湿，2层的洗面台竟然没有可以挂衣架的地方……这类烦恼使用悬挂式收纳法即可解决。

没有空间，悬挂式收纳法能够帮你创造空间，而且取出也很方便。同时，为了不让卫生间显得狭小，选择简易的清洁工具也很重要。

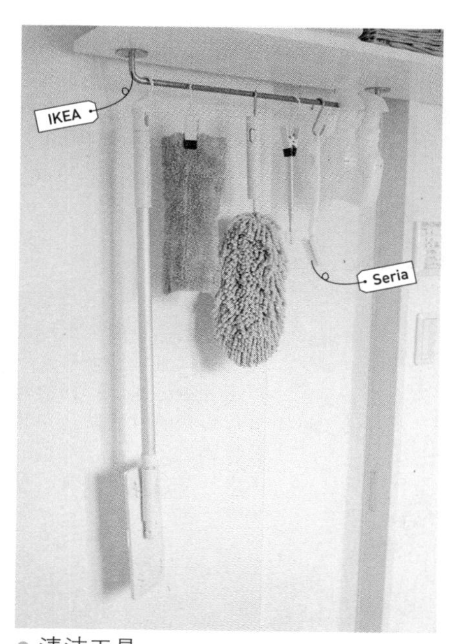

● 清洁工具

可以将地板专用抹布、拖把、电解水喷雾、鞋刷等清洁工具悬挂起来。

● 衣架

洗衣服需要用到的物品可以悬挂在洗衣机上方。衣架也可以悬挂在这里，方便晾晒洗好的衣物。

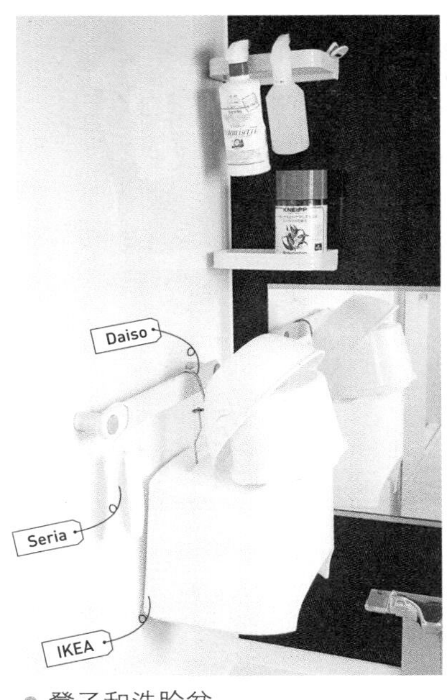

● 凳子和洗脸盆
● 喷雾器

选择可以悬挂的凳子和脸盆，利用S形挂钩即可。因为它能够弯曲，所以非常适合用在这种场合。喷雾器可以悬挂在置物架上。

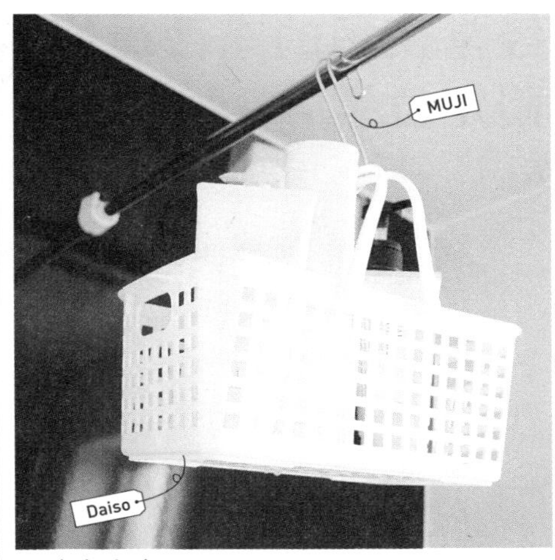

● 洗发水类

将大人和孩子们用的洗发水、洗面奶都收纳在篮子里，用S形挂钩挂起来。篮子底部有孔，容易晾干。

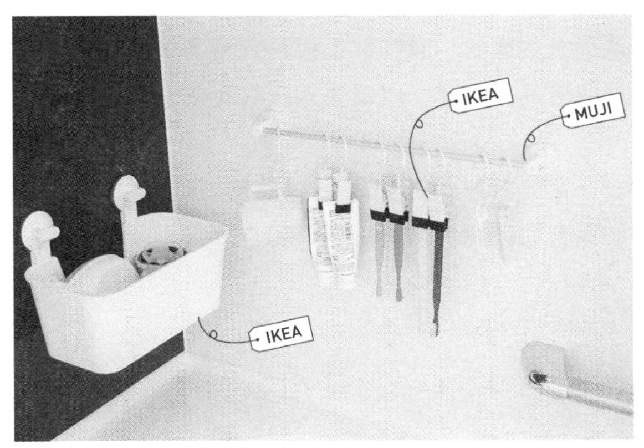

● 牙具
● 孩子的玩具

因为孩子们在浴室刷牙，所以把牙刷用夹子夹好，挂在毛巾架上。孩子们的玩具筐下方也有孔，并且有强力吸盘。

秘诀 33

经常使用的东西最好有固定位置

洗面台侧面的小装饰架上放置有装满小苏打、柠檬酸、含氧漂白剂、洗衣液的储物罐，以及放入洗衣网袋的野田珐琅家的带柄容器。

位于装饰架下方的盒子可以像抽屉一样使用，可以放置眼镜，擦拭洗面台时使用的微纤维抹布等。

要点

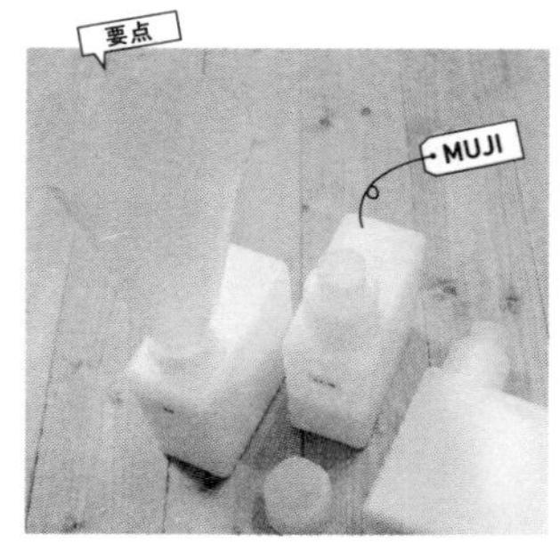

将粉末洗涤剂倒入洗涤瓶中，可以利用文件夹，把它卷成圆筒状后倒入。

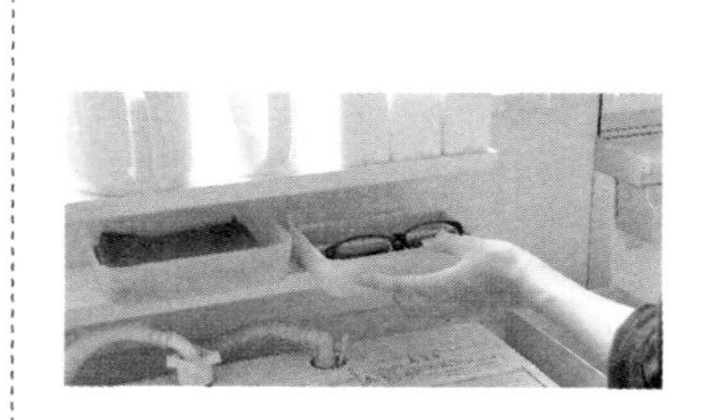

洗面台的牙刷
可以存放在文件箱中

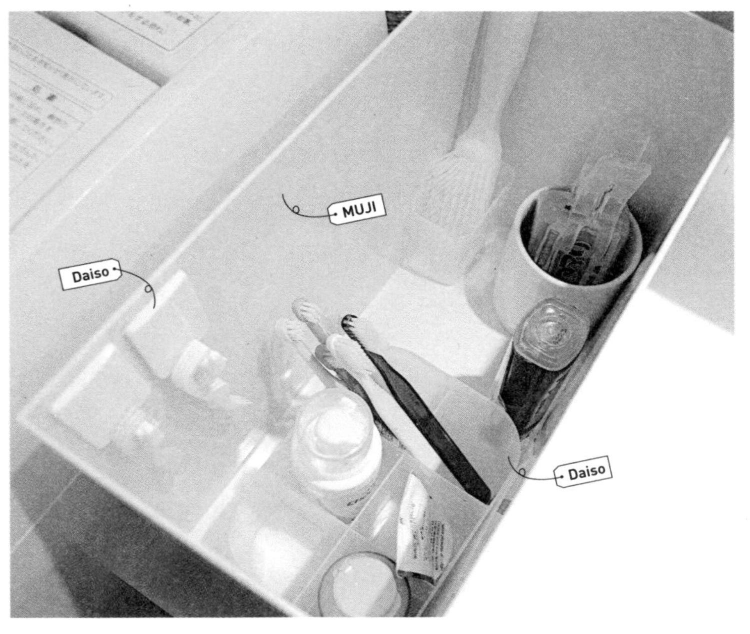

经常会有人问我牙刷的收纳场所，因为我家的洗面台镜子没有内置收纳，所以就将牙刷收纳在文件箱里，放在洗面台旁边的位置。

因为文件箱的上方正好有窗户，通风好，所以很适合存放牙刷。

备注日用品库存，防止重复购买

1

将牙刷和洗涤剂等物品存放在粘有两面挂钩的透明盒中，在盒子外面做好标记，方便我们快速找到物品。平常用卷帘遮住即可。

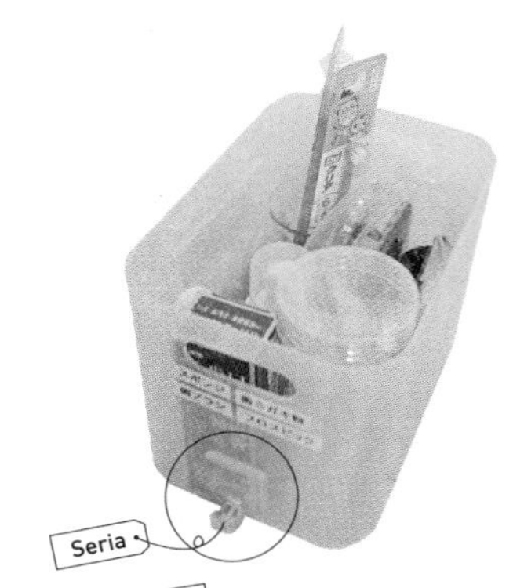

小贴士

挂钩

透明、黏着力强，可以无痕清除，可在家中广泛使用。

扫除

收纳

料理

2

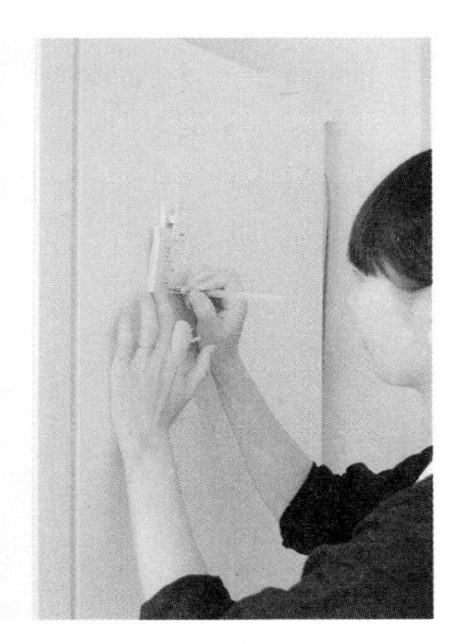

需要购买新的牙膏、肥皂等物品的时候，马上走出卫生间，记在冰箱侧面的便利贴上。

3

去购物的时候，将便利贴直接贴在购物车上，防止多买或者遗忘。

洗涤剂等较重的物品可以存放在洗面台下方

洗涤剂等较重的物品可以放置在洗面台下方，小苏打等粉末类放入密封袋中保存即可。电解水和消毒喷雾等可放入瓶中保存。

还有很多

浴室清洁秘诀哦！

秘诀 36 喷洒消毒喷雾可防止霉菌

泡完澡后，只需在浴室中容易潮湿的地方（排水口附近、浴缸盖子里侧等）喷洒消毒喷雾即可防止霉菌。

秘诀 37 小换气扇和滤纸组合，打扫会变得格外轻松

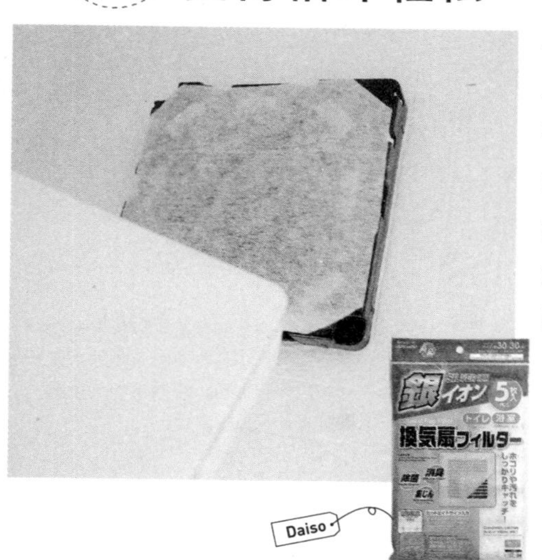

在换气扇上贴好可以调整纸张大小的滤纸。在背面如果有纽扣的话，更易于安装和更换。在更换的时候顺便用滴入薄荷精油的电解水擦拭，可达到驱虫的效果。内部清理的话使用孩子们不用的旧牙刷最合适。

秘诀 38 统一毛巾的尺寸和颜色，放在能够看得到的地方

我家在洗完澡或者洗完脸后会使用与擦脸毛巾一样尺寸的“速干式软毛巾”，因为使用较为频繁，所以放在能够看得到的地方。毛巾在每年年末全部换新，旧毛巾可当作抹布使用。

39 将化妆品竖着摆放，更容易找到所需物品

因为我决定只将能放入的化妆品都放在这里，所以化妆品数量较少。放入收纳袋的话，不易于查找，所以在抽屉中放入分隔盒竖着收纳更为直观方便。

第3章

让客厅成为你享受当下的地方

我想让客厅成为一个让家人在新婚期、育儿期、老年期等各个阶段中都可以享受乐趣的地方。客厅对于正处于育儿期的我家来说，是一个可以让家人和朋友围坐在一起玩耍、学习的地方；也是一个在孩子们入睡后，夫妇间一起谈论教育孩子的辛劳和喜悦的地方。而且还可以悠闲地坐在沙发上看电视，读书。它是一家人的活动中心。

秘诀 40

客厅清洁时间分配

沙遥女士的晨间扫除

10分钟

送走丈夫和儿子，就开始打扫吧！在送女儿去幼儿园之前，利落地结束扫除吧。这样的话，回家后就会觉得心情无比愉快。

周末使用毛巾扫除

每天的扫除都是使用清扫工具，不仅便利而且节省时间。但到了周末，就用毛巾擦除污垢吧。将边边角角的细小污垢清扫一遍后，房间立刻变得清爽干净了。

微纤维

便携式抹布

2分钟

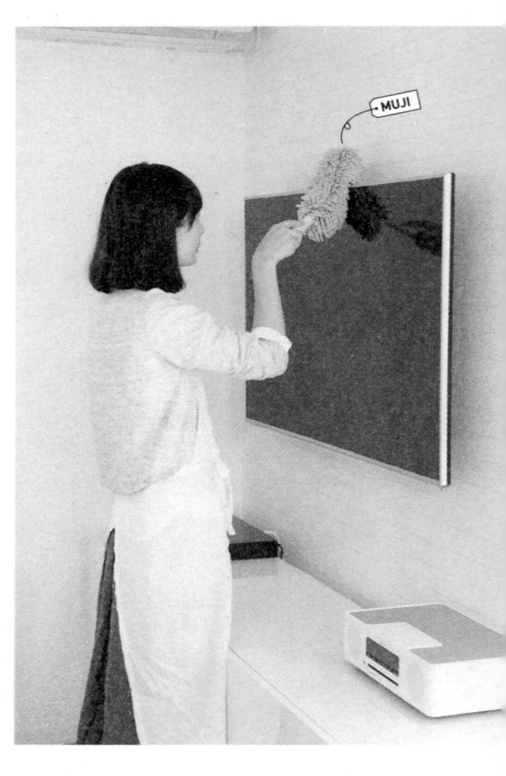

电视机是黑色的，所以能清楚地看到灰尘，先用便携式抹布将电视机和百叶窗上的灰尘清洁干净。

牧田的电动吸尘器
CL100DW

铝制伸缩式撑杆+复合地板专用抹布

吸尘器

3分钟

墩布

5分钟

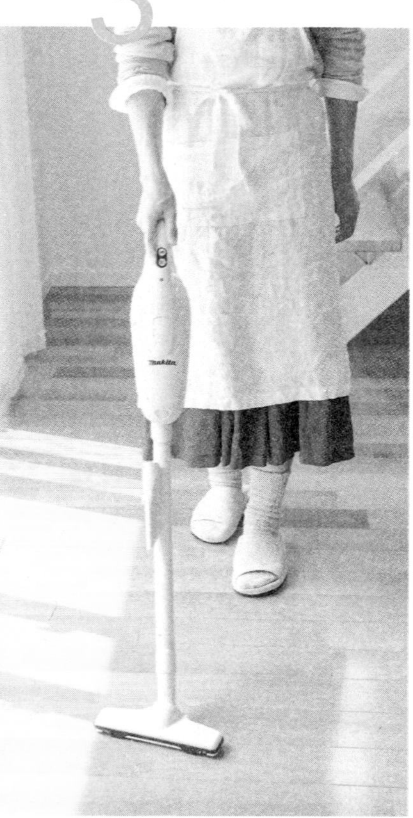

接下来，花3分钟时间用吸尘器打扫客厅、玄关、卫生间。牧田的电动吸尘器具有强大吸力，而且上面有挂钩，方便悬挂收纳。

最后，用喷雾器将电解水喷在地板上，然后用墩布拖干净地面。与普通抹布相比，复合地板专用抹布更能有效擦除污垢。

保持站立姿势，轻松擦干净窗户玻璃

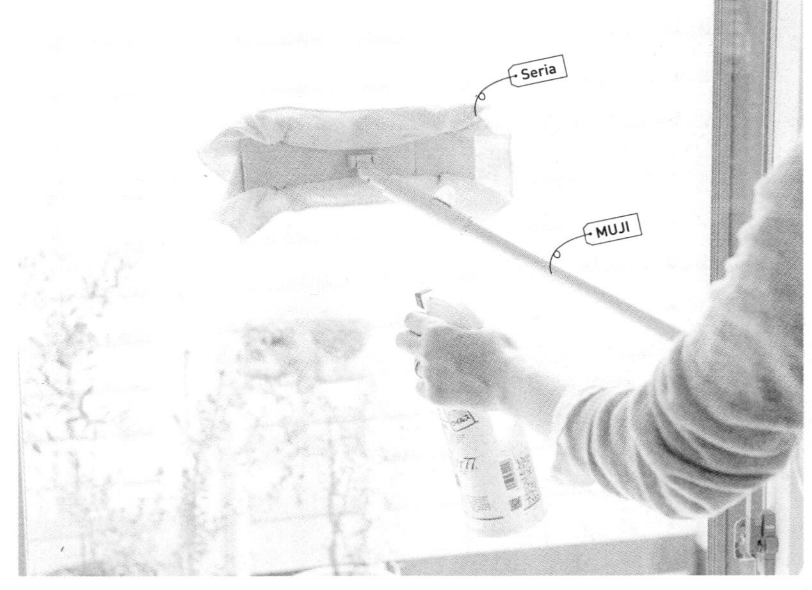

使用抹布擦窗户玻璃时，一会站起，一会蹲下，非常耗费体力。这时，使用擦地板时用过的铝制伸缩式撑杆绑上干抹布，一边用喷雾器喷清洗剂，一边擦玻璃。而且可以保持站立的姿势，轻松擦干净玻璃，高的地方也能擦得锃亮。

自己做的清洗剂可以防止结露

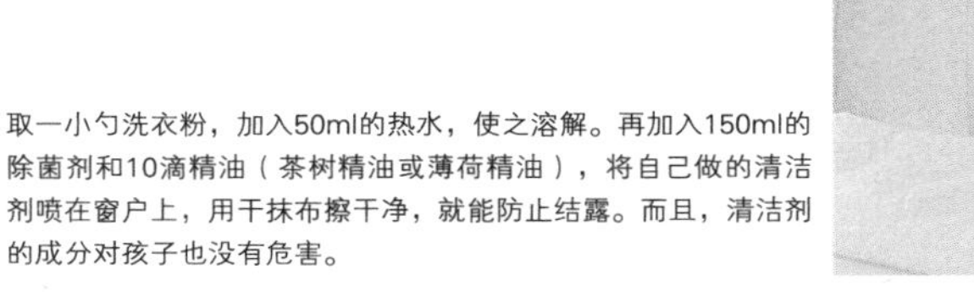

取一小勺洗衣粉，加入50ml的热水，使之溶解。再加入150ml的除菌剂和10滴精油（茶树精油或薄荷精油），将自己做的清洁剂喷在窗户上，用干抹布擦干净，就能防止结露。而且，清洁剂的成分对孩子也没有危害。

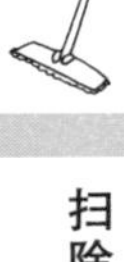

小缝隙的污渍用“肥皂+牙刷”去除

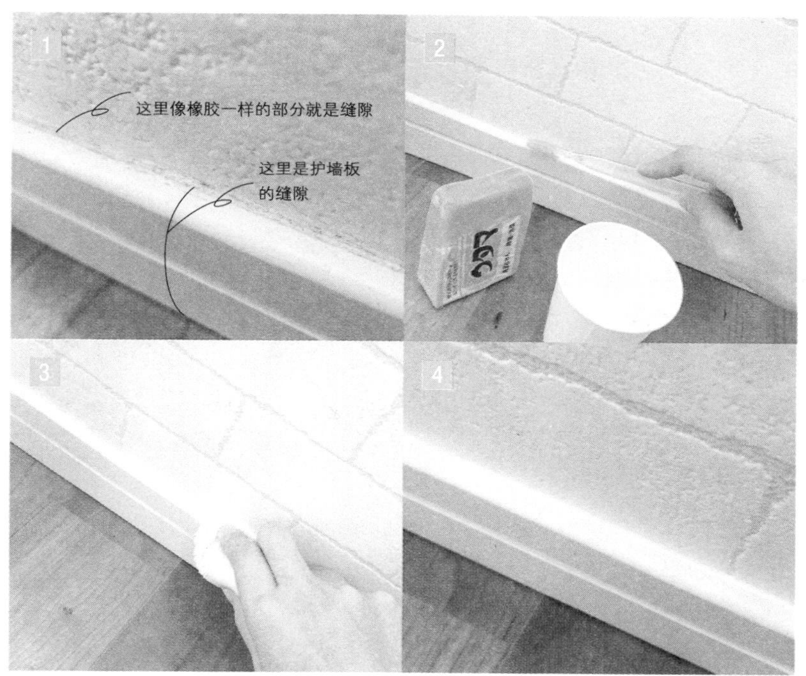

地板和墙壁的缝隙是非常细小的地方，却易“藏污纳垢”。牙刷蘸水和肥皂，可以轻易除掉缝隙里的污垢，再用抹布蘸水仔细擦干净。

小贴士

肥皂

仅取用足够使用的部分，剩下的放在包装纸里，然后用晾衣夹夹住，湿肥皂可以很快干掉，干掉之后放在陶瓷肥皂盒里。

秘诀 43

不用的旧布料，作为抹布再利用

把不用的毛巾、不穿的衣服等旧布料剪成一块块抹布，进行再利用，可以用来擦厨房、浴室等地方。非常便利！

用剪刀把旧毛巾剪成抹布，根据使用场所的不同，裁剪的大小自己决定。

● 水槽下方

抹布横放在水槽下方的抽屉里，在水槽里面喷上清洁剂打扫时，可用抹布擦干净。

● 去油污

抹布放在炉子附近的抽屉里，可以随时清洁煎炸食物时溅出的油污。

● 洗面台

擦拭洗面台的抹布放在抽屉里，和洗干净的旧袜子放在一起。

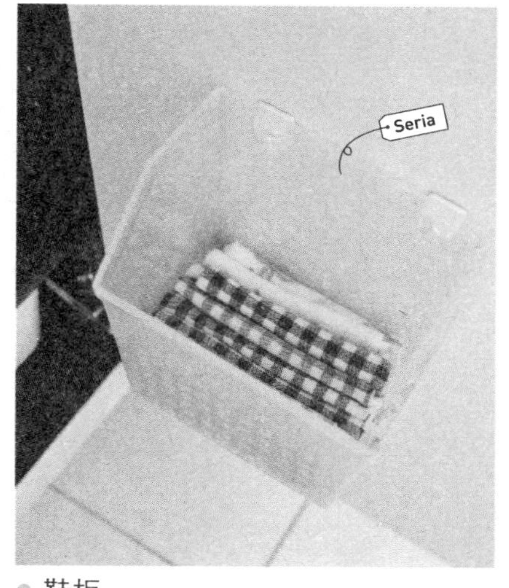

● 鞋柜

为了保养鞋子和清理鞋柜，在鞋柜内放一个收纳盒，将抹布放在收纳盒里面。

秘诀 44

清扫用物品不是“拿着”，而是“放着”

一楼要常备的工具是复合地板清洁刷和薄布。

清扫用物品通常放在离二楼卧室远的地方。突然看到二楼有灰尘、楼梯扶手很脏等情况时常发生，但又不想特意去一楼取清扫工具。如果将抹布和水放在二楼的话，那么只要注意到有灰尘，就可以立刻打扫。

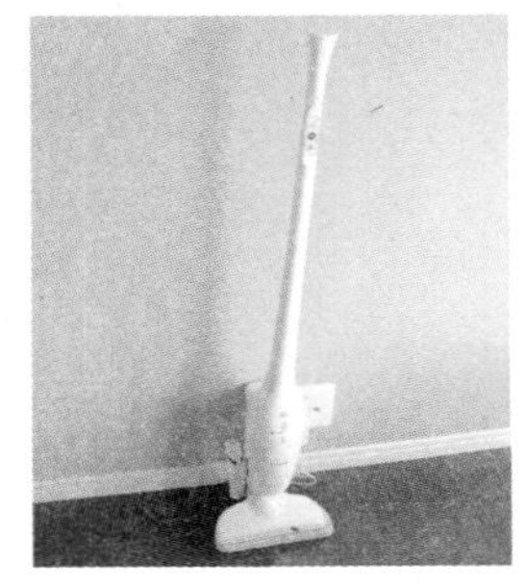

吸尘器是二楼打扫时使用的。

客厅用绿植装饰

虽然每天浇水、修剪绿植很麻烦，但是如果频繁移动摆放位置，可以让房间变得整洁美丽。虽然摆放可爱的小物件也很好，但如果摆放应季的鲜花，就会有“打扫房间吧”“保持房间的美丽”等想法，可以让自己充满干劲。

● 衣物防虫剂

100g小苏打+50滴精油（薰衣草和柠檬草）

用汤匙将小苏打和精油混合在一起，放在茶包里，再缝一个布包包好。也可以不特地缝制布包，只要放在茶包里，缝好茶包的开口即可。孩子的衣服用添加薰衣草精油的防虫剂，成人的衣服要用添加柠檬精油的防虫剂。三个月换新，用完之后扔掉或者用来打扫都可以。

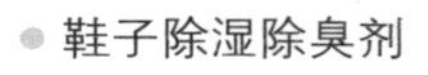

● 鞋子除湿除臭剂

100g小苏打+ 50g盐+50滴油（茶树精油和薄荷精油）

与自制衣物防虫剂一样，将所有的材料混合好，然后放进茶包，缝在布包里面。

在多佛尔清洁剂的瓶子里加入80滴精油（茶树精油和薄荷精油），喷在鞋子里，可以除臭。每周一次清扫鞋柜和玄关的时候，喷这种混合物，也可以防虫除臭。

自己也能轻松制作芳香喷雾剂和除虫剂

市面上买的除臭剂带有化学物质的气味，这对有孩子的家庭来说，存在安全隐患。自己做的除臭剂可以安心使用，而且制作方法非常简单。

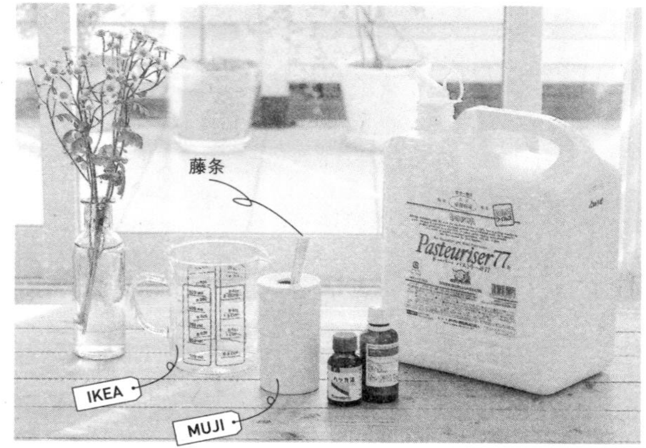

芳香喷雾剂

30mL清洁剂+60滴喜欢的精油

可以选择自己喜欢的精油，制作独特的香气。将清洁剂和精油在瓶子里混合，瓶中立一根藤条。藤条也可以换成竹条，但是藤条会让香味飘散得更远。藤条可以在网上买到。

除虫喷雾剂

10mL清洁剂+30滴薄荷精油+90mL自来水

将自制的除虫喷雾剂放在瓶子里保存起来，家中常备。喷在窗户、玄关等地，防止虫子进入。

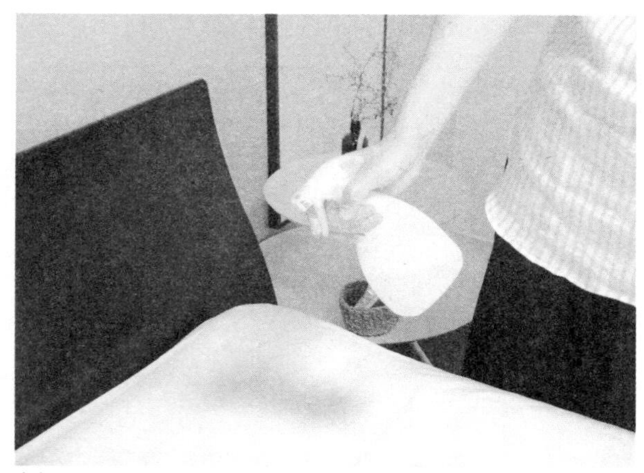

半个月到一个月使用一次，可放在瓶子里保存，也可随时补充。

除臭、除菌喷雾剂

40mL清洁剂+15g柠檬酸+70滴喜欢的精油+250mL自来水

带有除臭、除菌效果的喷雾剂可以在清洁坐垫等布类制品时，代替市面上贩卖的布类除菌喷雾使用。可以添加喜欢的精油，制作出自己喜欢的香味。

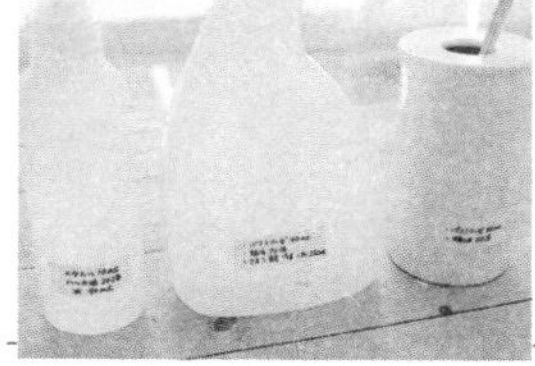

小空间也可以轻松收纳，让卧室整洁有序

卧室里安排一处小小的收纳空间，可以用来放置容易让房间变得零乱的物品。将不常用的物品放在上边，把空间分隔成几个小空间进行收纳。

1

最上面一层放置文件盒，用其收纳防水薄膜、口罩、垃圾袋、纸巾、野餐桌布等物品。

垃圾袋按照种类做好标记

2

折叠收纳盒里面放置纸牌、气球等物品。学校突然让带的物品、孩子们玩耍会用到的物品都放在这个地方保存。

3

孩子们最近喜欢写信，这里保存了写信用的笔记本。

4

这里保存了3卷厨房用的吸油纸巾。

5

女儿的校服和帽子在这里放置。

6

收纳盒里面放着药品、需要熨平的衣物，文具放在小收纳筐里了。

药品放在小盒子里，药品说明书也一起放进去。

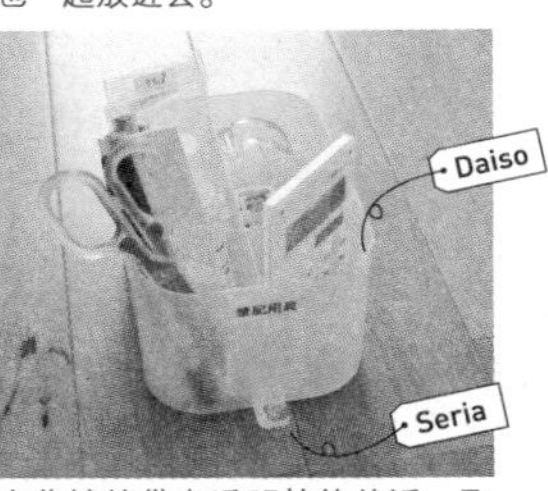

小收纳筐带有透明挂钩的话，取出和移动都会很方便。

7

白色盒子收纳手绢和纸巾。还可放纸质文件，学校的文件放在左侧，非学校文件放在右侧。

8

抽屉收纳盒里面把对孩子有危险的物品放在最上面，我和丈夫的睡衣、女儿的幼儿园所需物品、儿子和女儿的睡衣则放在下层。上面的盒子里放置幼儿园的双肩书包。

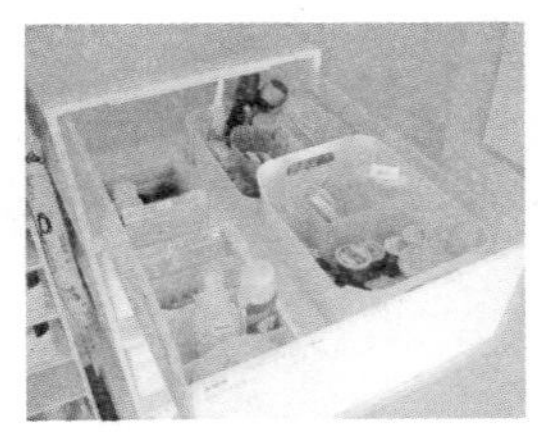

针和电池等危险物品放在孩子够不到的地方。

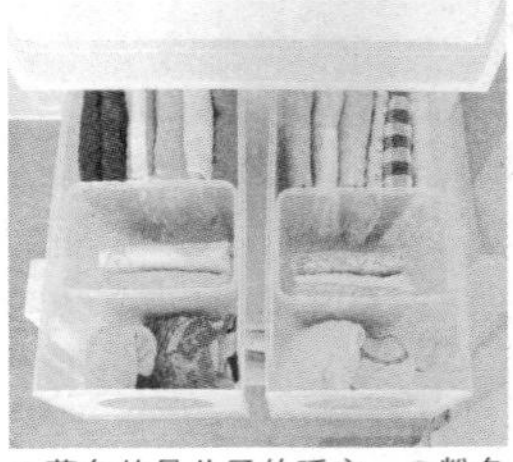

● 蓝色的是儿子的睡衣，● 粉色的是女儿的睡衣。

● ● 标记用纸是Daiso百元店贩卖的打印纸。

尘器、吸尘器过滤器、芳香喷
器用挂钩挂在架子上。

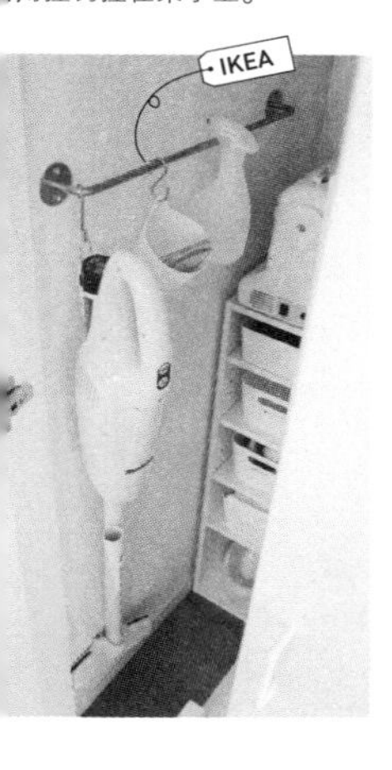

盒子区域，从上往下是母子
手册、相机、整理衣服的物
纸巾、熨斗。

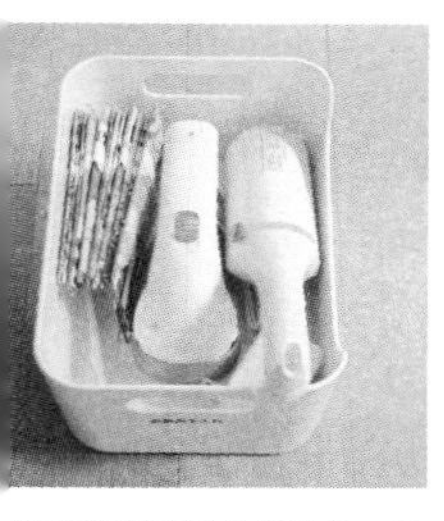

机等整理衣服的用品统一放
个盒子里。熨烫衣服时，取
常方便。

面的架子放着高压锅、电饭锅。

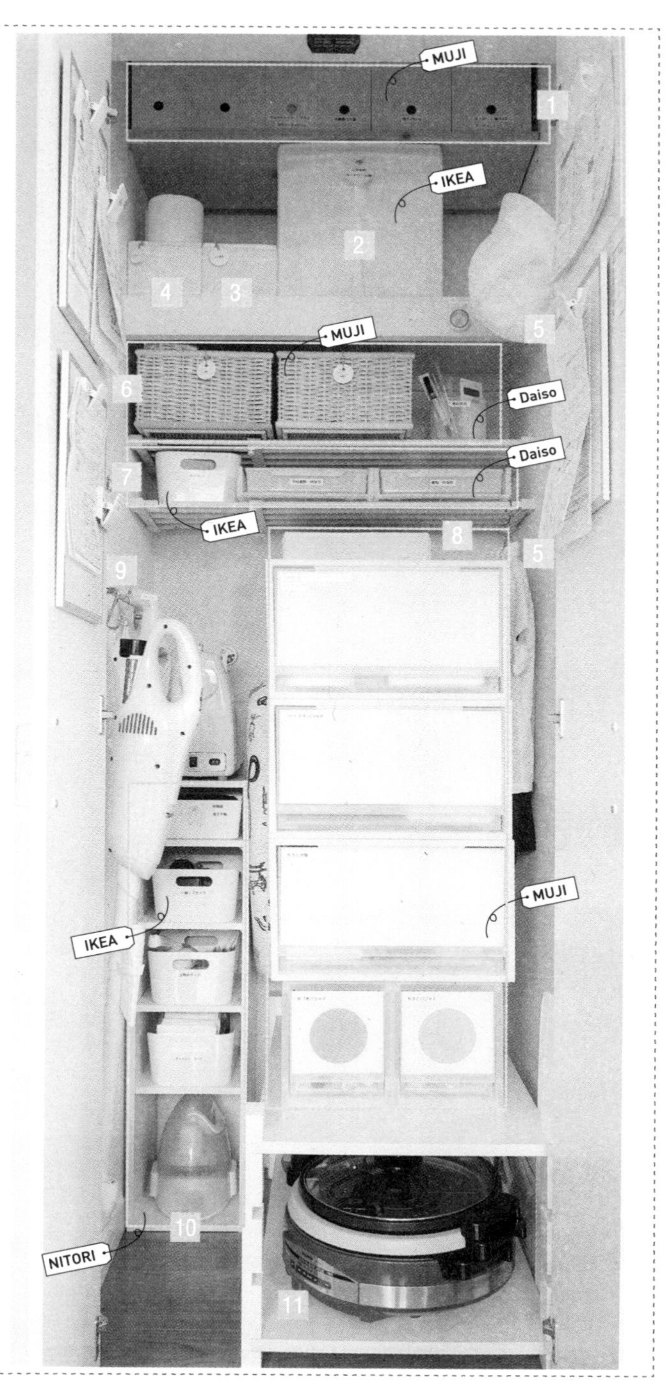

秘诀 48

学校发的资料按照时间段分别放在三个地方

幼儿园、小学、居委会发的资料有规律地分别摆放，可以让资料不散乱。我们家是按照“本周内需要处理”“本周之前的资料”“1年内的资料”三个时间段，分别放在三个地方。这样就能很快区分这些纸质资料了。

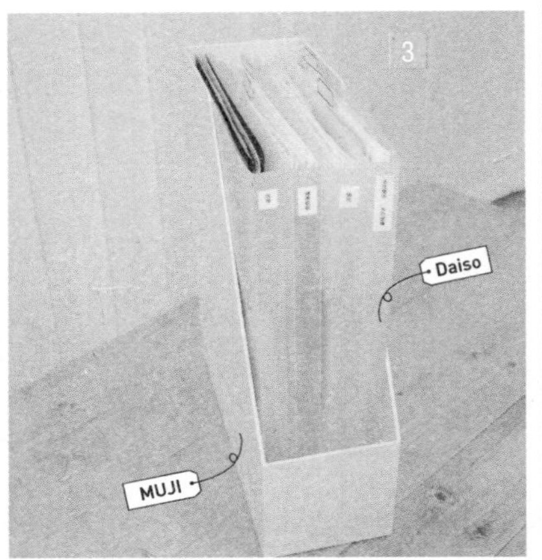

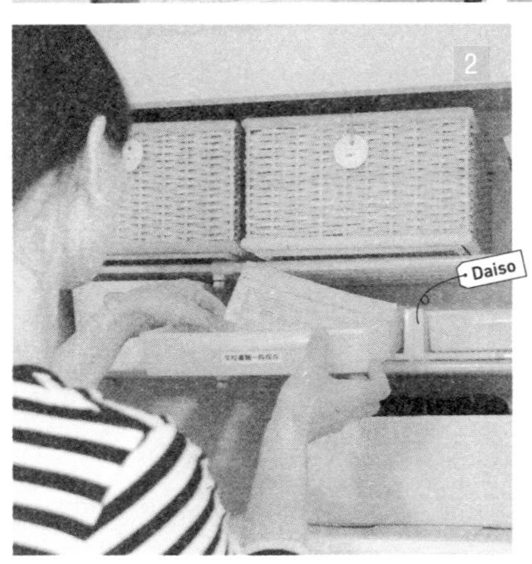

1 本周内需要处理的资料。这里放的资料基本都是要在周末之前处理完成的内容。

2 本周之前的资料。这部分资料放在抽屉式的收纳盒中，可以很快确认内容。

3 药物的说明书、学校一年内的联络书都统一放在文件盒里面，贴上标签，这样容易查找。因为不常看，所以将文件盒收纳在电视柜里面。

在能轻易看到的地方制作出一个暂时存放物品的空间

0.5畳（约0.8平方米）的壁橱很容易被注意到，将这里作为暂时存放物品的空间。不得不归还的物品、第二天孩子们要带的东西、购物袋等东西都可以暂时放在这里。虽然是狭小的空间，但是有这个空间的话，房间就不至于很乱。如果暂时存放的空间太大的话，那么，房间反而会更乱，请务必注意。

秘诀 50

充电器和电源线统一放在电视机下方，会显得干净利落

充电器的电源线用扎带整理好，与电源插头一起放在收纳盒里，统一放在电视机下方。分别属于哪个电器就能一目了然，不用的时候可以关掉电源，节约电费。

照相机等机器的电源放在电视柜的抽屉里，与收纳盒的电源区分开，这样容易寻找。在充电器上贴上标签的话，就能立刻明白是哪台电器上的充电器了。

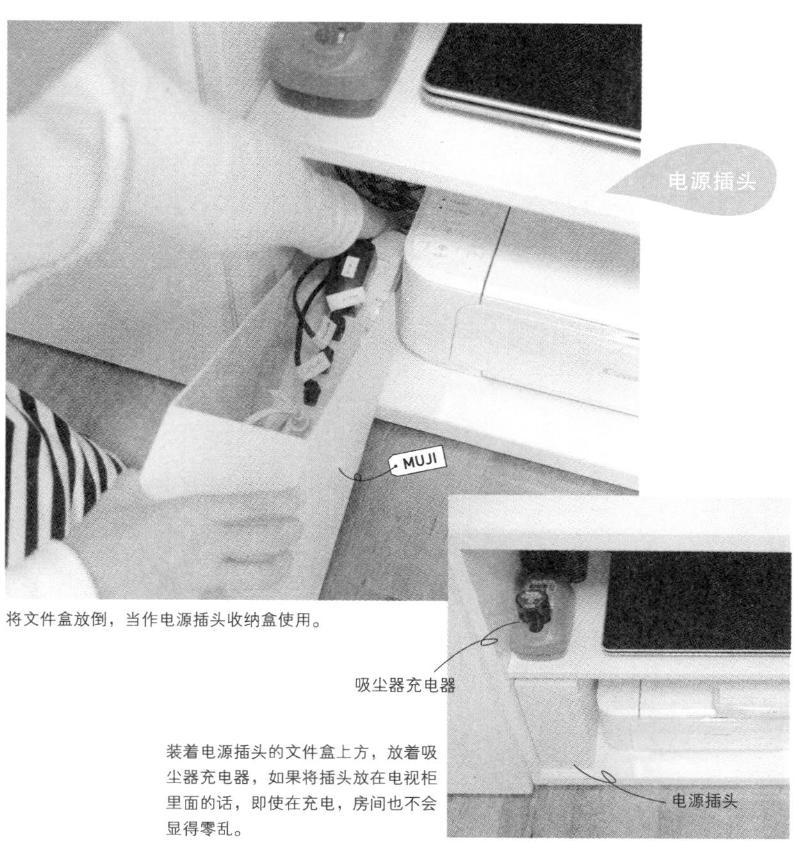

将文件盒放倒，当作电源插头收纳盒使用。

装着电源插头的文件盒上方，放着吸尘器充电器，如果将插头放在电视柜里面的话，即使在充电，房间也不会显得零乱。

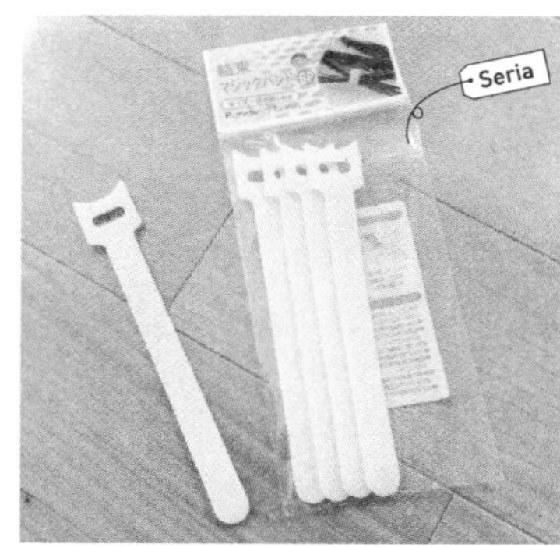

如果电线太长不容易缠绕的话，使用电线缠绕带。

在电线上用遮蔽胶带做出标记。

秘诀 51

将常用的物品放在沙发周围，方便取用

沙发上面的装饰搁板和下面的空隙放置收纳盒，这些地方都可以用来收纳，在沙发周围放置常用物品，非常方便。

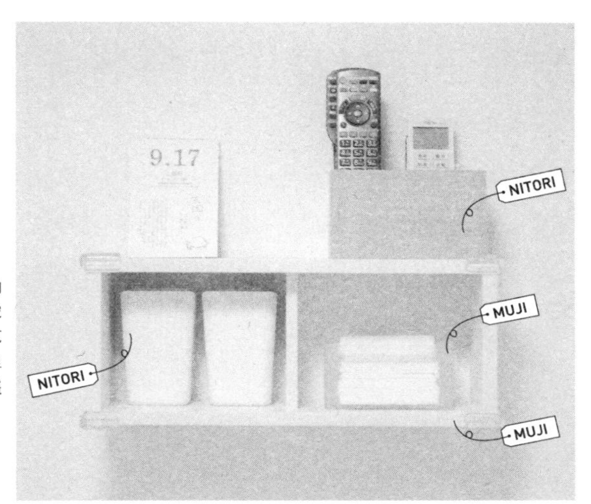

1

装饰搁板上放置小收纳盒，里面放着体温计、挖耳勺、指甲刀等，手机充电器也放在小收纳盒里面。上面的收纳盒放置遥控器等，日历放在旁边。

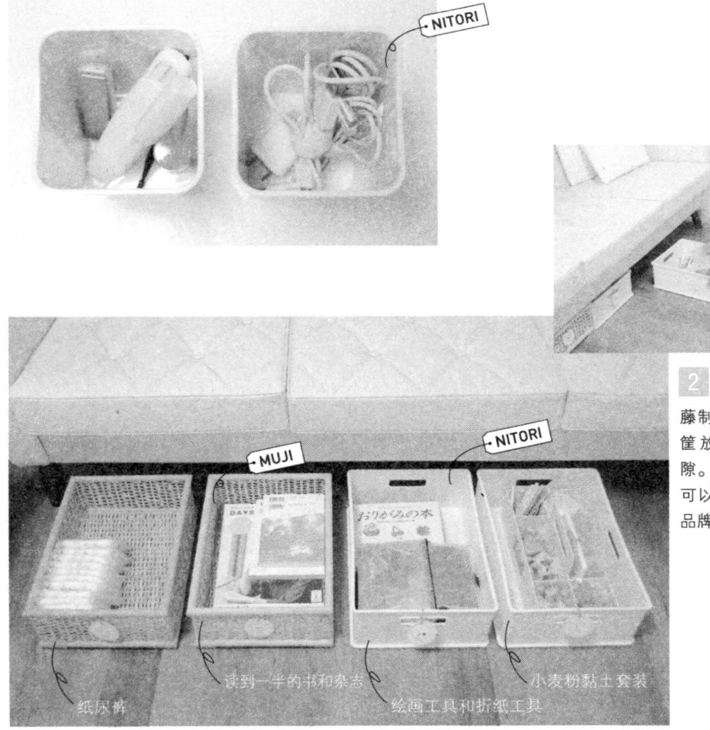

2

藤制收纳筐和塑料收纳筐放在沙发底下的空隙。在其旁边摆放一张可以折叠的YAMAZEN品牌的小边桌。

秘诀 52

制作出可以挂东西的场所，桌子就不会零乱

餐桌一侧挂上挂钩，将常用的东西装在袋子里，然后挂在桌子边上，餐桌就会保持什么都没有的整洁状态。将挂钩放在粘在桌子上的毛巾架上，环保袋收纳盒里面放置家里的账本、笔记本、功能饮料等。

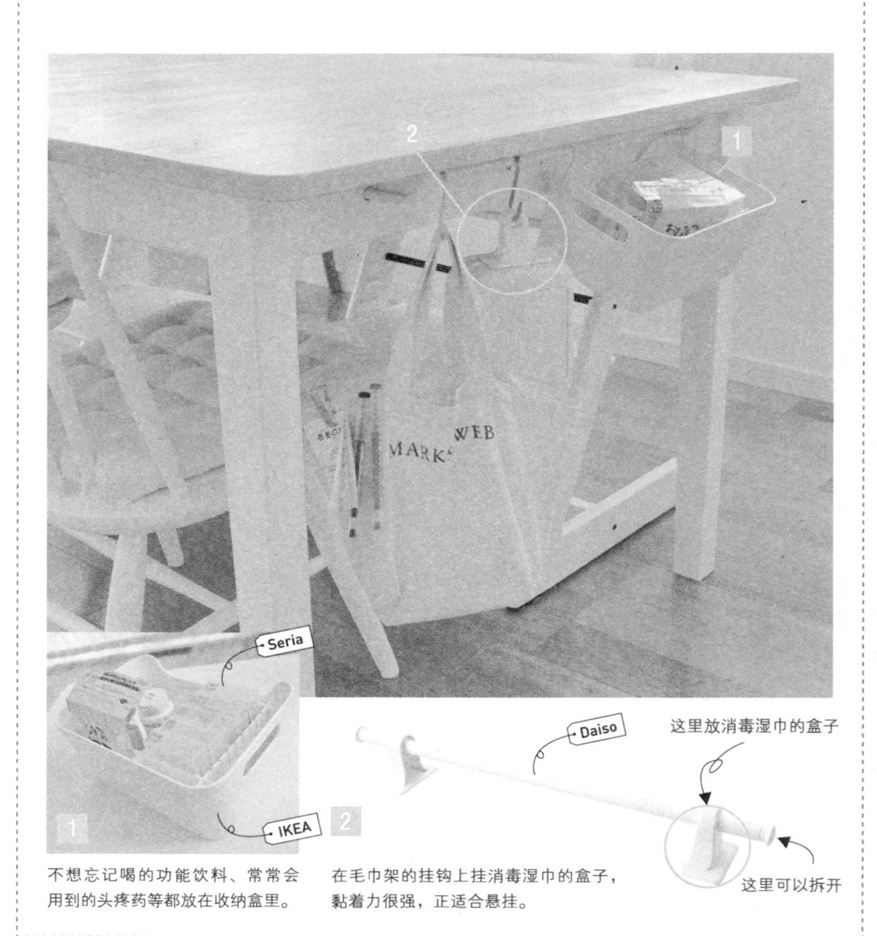

1 不想忘记喝的功能饮料、常常会用到的头疼药等都放在收纳盒里。

2 在毛巾架的挂钩上挂消毒湿巾的盒子，黏着力很强，正适合悬挂。

零碎的物品这样收纳

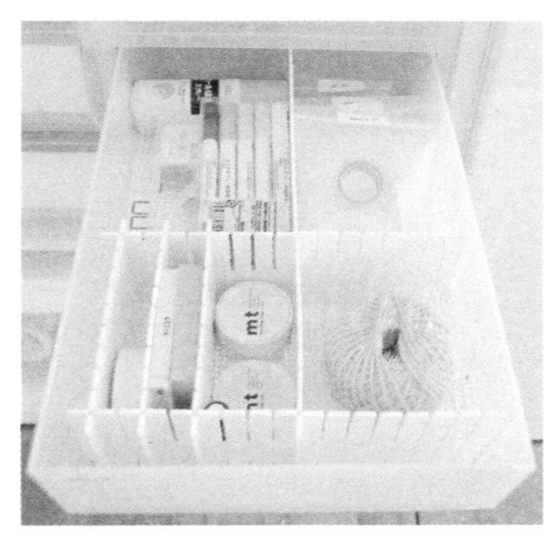

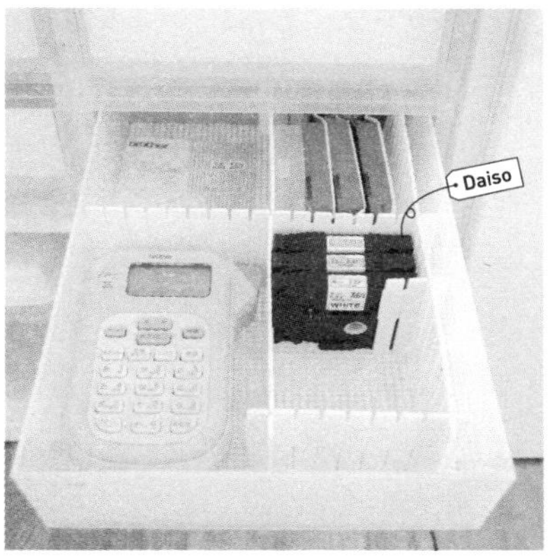

文具用品

一不留神买得太多，导致文具储存过多，逐项设置固定摆放位置。这样，用完的文具就一目了然，随时可以补充新的。

便笺

我喜欢用便笺做标记，决定好胶带和墨水的位置之后，放在固定位置，取用很方便。

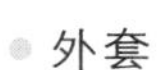

外套

孩子们的外套和水杯等，我都挂在墙上的毛巾架上面。

第4章

必要的物品放在必要的位置，生活更轻松

玄关

玄关是迎接家人或欢迎客人的地方，我希望这里是清爽干净的空间。同时，出门时需要携带的物品也收纳在这里。

衣橱

虽说并没有那么多物品，但喜欢的衣物和物品堆满了衣橱。重点是将衣橱收纳到一目了然的程度。

儿童房

我烦恼于孩子们房间的玩具和具有纪念意义的物品的收纳。为了让孩子自己整理玩具，为了让具有纪念意义的物品以大人和孩子都接受的形态保存下来，需要在收纳上下功夫。

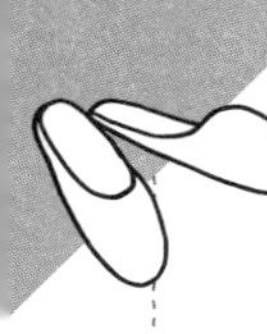

包包挂在玄关处

每天使用的包包放在地板上的话，房间会显得很乱，因此将常用的东西放在包包里面，然后把包包挂在玄关就可以了。

外出游玩用的物品统一放在大手提袋里面

将跳绳、纸牌、泡泡机等游玩时用到的休闲物品统一放在大型手提袋里，去公园郊游的时候，只携带这个大手提袋就可以了。

鞋柜柜门的内侧挂凉鞋

夏天的时候，我会把孩子们的凉鞋挂在鞋柜柜门内侧的挂钩上，取用很方便，而且还能节省空间。

将资源回收箱固定放置在玄关，出门时就不会忘记

资源回收箱是可折叠的，第一层放牛奶瓶，第二层放废纸，统一放在玄关处。因为要定期送到回收站，因此把回收箱放在玄关。出门时不会忘记，也不用特地返回厨房，这样可以节省时间。

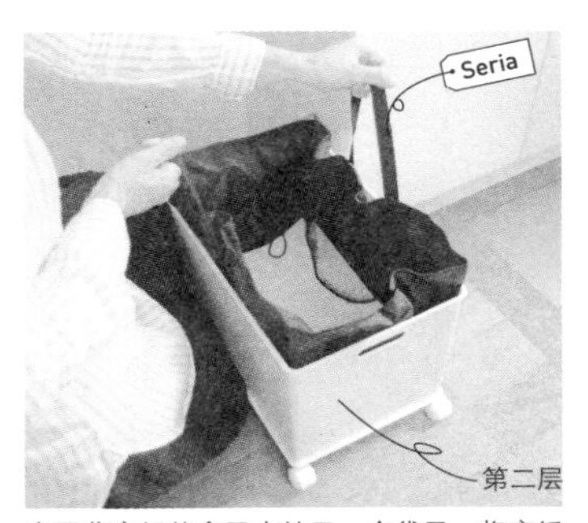

在回收废纸的盒子内放置一个袋子，将废纸和杂志放到里面，这样，回收时可以轻松取出废纸，保存也很方便。

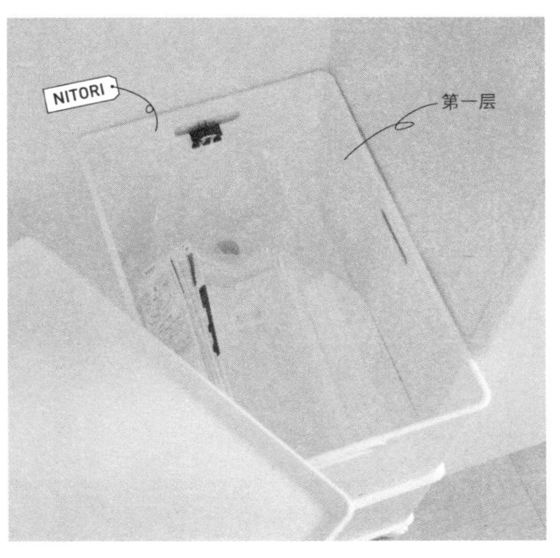

秘诀 58

过季的衣服和小物品放在“一目了然”的收纳搁板上

针织衣服和编织物都叠起来放置，外套、连衣裙、下半身衣物（裤子、半身裙等）用衣架挂起来。紧身裤和袜子等零碎的衣服放在小的收纳盒里。

1 幼儿护腿长裤

将叠好的幼儿护腿长裤立起来摆放在下面的架子里。

2 袜子

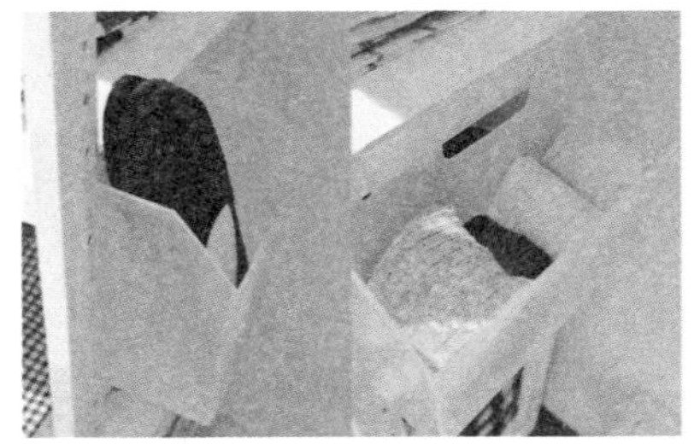

买回来的袜子不要撕掉外面的厚纸，直接放在收纳盒里面，其他的袜子叠好，放进收纳盒。

3 紧身裤和吊带背心

将紧身裤和吊带背心卷起来，放在类似杯架的收纳架里面。

4 饰品

常用的饰品放在玄关

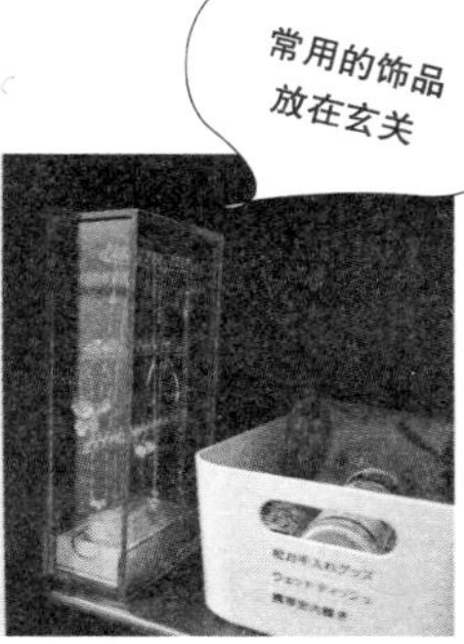

婚嫁或参加葬礼时用的饰品放在衣橱里面，平时用的饰品放在玄关的镜子的搁板里。

5 包包

手提包、斜挎包等分类放在尼龙编织袋里面，不要忘记贴上标签。

要点

过季的衣服统一放在抽屉里

把过季的衣服叠好放在抽屉里，然后放入手工制作的防虫剂。

袜子和手绢叠成团状收纳

SKUBB的收纳盒是可以折叠的，将叠成团状的袜子和手绢放在里面。叠成团状的收纳方法可以防止手绢和袜子乱作一团，孩子们自己也可以轻松整理。

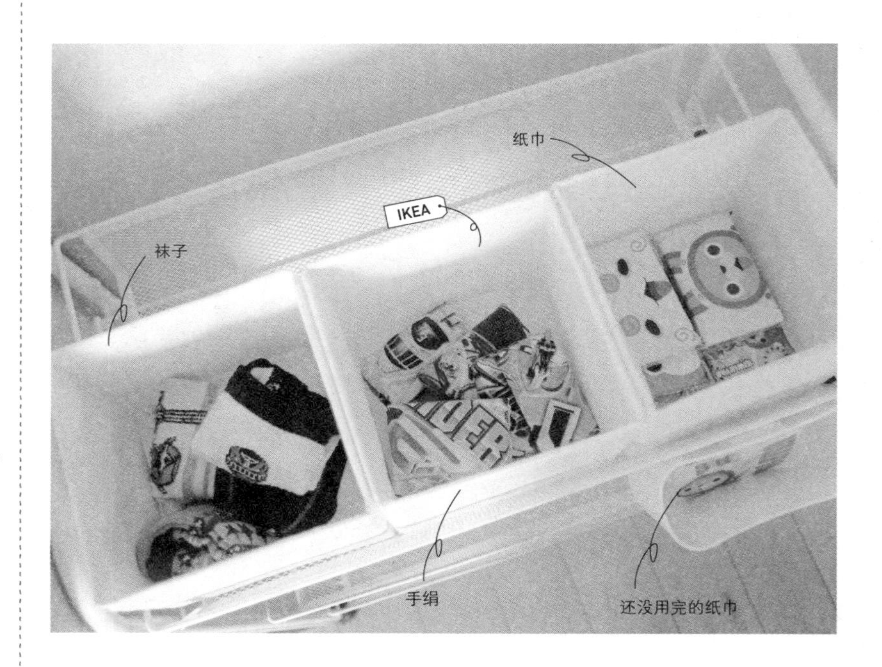

手绢

将手绢叠成四分之一大小。

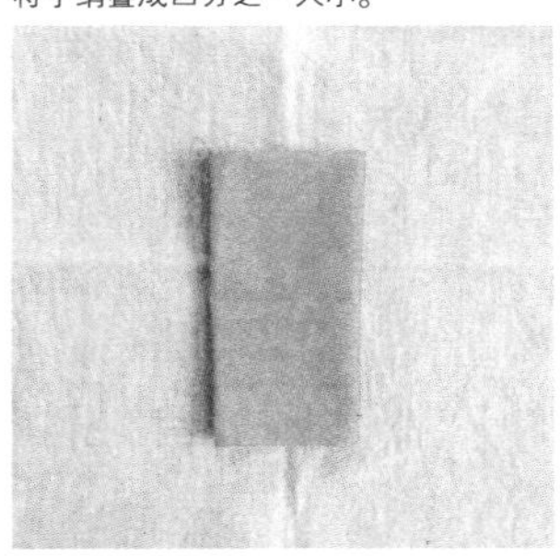

然后再沿着中线折叠。

将叠好的手绢分成三等份，把下面的部分插进上面部分。

完成。

袜子

将一双袜子重叠摆放。

将袜口处折叠。

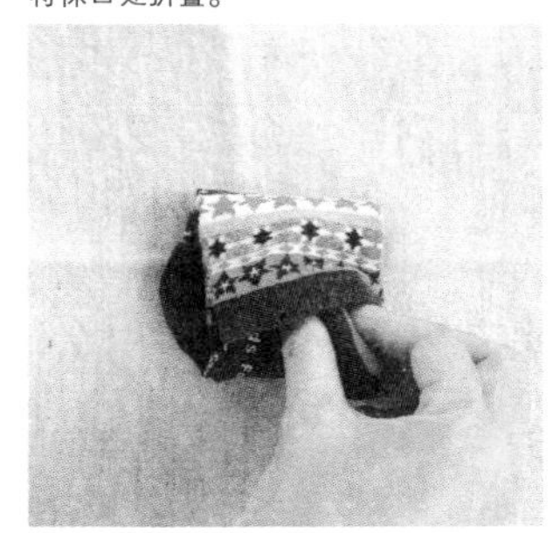

将脚尖处塞进袜口里面。

完成。

秘诀 60

不知该放哪里的物品重新放在收纳盒里

“这些衣服最近不怎么穿，但是扔掉也不合适……”这时，我会将这些衣服放进收纳盒里，确实不需要的衣服就送人或者转卖。将衣服、玩具、厨具等，都放在附近的收纳盒里面，需要的时候也很容易找到。我将这些物品的保存期限设定为1年，放进收纳盒时，我会用标签标记出来，这样就能轻松判断出日期。

放衣服的收纳盒。

2

厨具的收纳盒，放做点心的工具、可爱的托盘等。

孩子们房间的收纳盒，放着童书和玩具。

在背包中加入带网兜的小包

为了不让包里零乱，需要在背包中加入带网兜的小包。这样就能清楚地看到包里的各种零散的物品，找到需要的物品也很容易。孩子的父亲也很喜欢这种收纳方式。

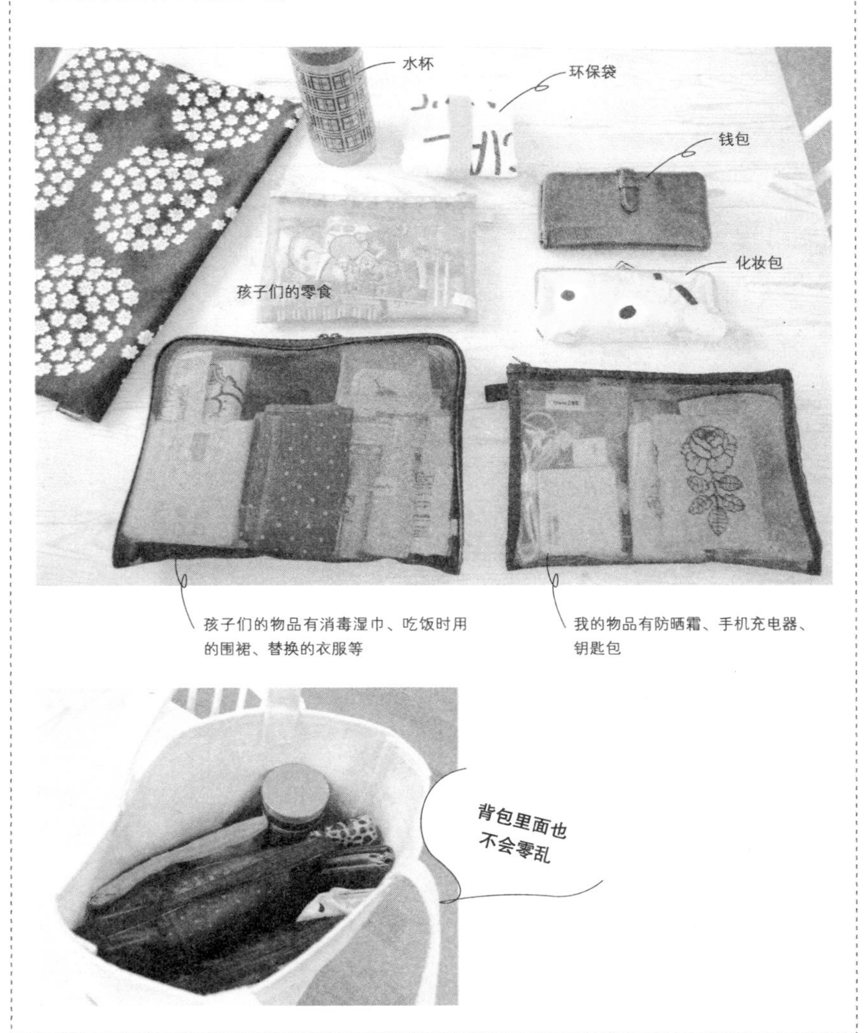

孩子们的物品有消毒湿巾、吃饭时用的围裙、替换的衣服等

我的物品有防晒霜、手机充电器、钥匙包

秘诀 62

让孩子自己收纳的方法

玩具和绘本都放在二楼的儿童房。我的孩子（7岁和4岁）的注意力可以集中15分钟左右。我和孩子商量，这个时间可以用来收纳。收拾好的玩具放在玩具收纳箱中。

● 书架

木制书架上固定摆放彩色收纳箱，书立起来摆放。这种书架可以拆掉木棍，增加间隔距离，所以也可以放置字典等非常厚的书籍。因为书和杂志立起来摆放不会倒，所以取出来阅读也好，收拾也好，都很方便。我告诉孩子们，要按照从高到低的顺序摆放书籍。

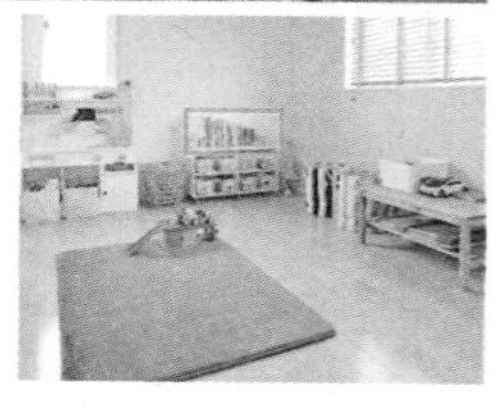

● 一个可移动的玩具收纳箱

将彩色收纳箱横放在书架的中间一层，活用第一层的木板，自制成玩具收纳箱。在玩具收纳箱上贴上照片作为标记。这种方式比分类整理玩具的方式，取用更方便，收纳也更方便。

● 每人一个收纳箱

黑色的是哥哥的玩具收纳箱，米黄色的是妹妹的玩具收纳箱。除了玩具之外，孩子们喜欢的东西都可以放在这里。

● 放拼图的网格文件袋

在家庭用品商店购买的网格文件袋，用来放置拼图等，可以让小片拼图不会散乱。这种文件袋适合放A4和B4尺寸的拼图。

纪念品的保留方式

展示孩子们的作品、绘画、信件等值得纪念的物品时虽说很快乐，但想全部保存下来显然不太可能。因此必须制定严格的筛选规则。

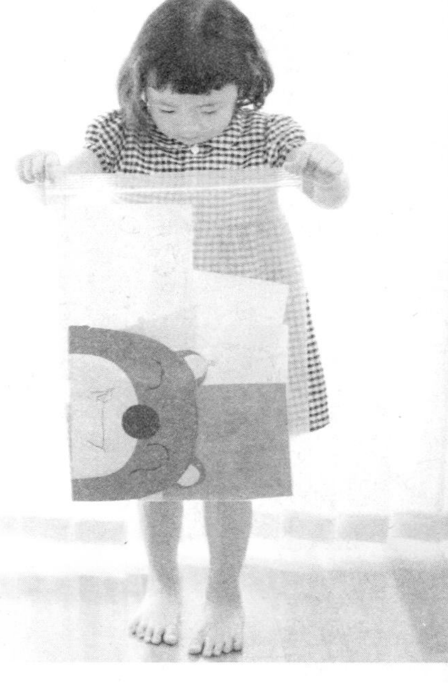

● 每人一年一个保存收纳箱

将孩子们在幼儿园的作品塞进A3尺寸的拉链文件袋，然后放在折叠收纳箱里面。1年只用一个收纳箱，所以要严格筛选放进去的物品。

扫除
收纳
料理

展示板

我的卧室、孩子们的卧室都设置了各种展示板，如果想放新的展示作品，就要将旧作品放在收纳箱内。

纪念照片

太占地方的作品虽然想展示但是没有足够的空间，索性就让孩子们拿着那件作品拍摄纪念照片，而且照片还能记录作品创作时间。

每人一个纪念品收纳箱

孩子出生时的纪念品、学校通讯录、幼儿园的联络簿等，我希望孩子们长大之后可以看到这些物品，因此设置了一个纪念品收纳箱。充满回忆的婴儿服也用压缩袋包好，放在收纳箱中。

小苏打

购买小苏打5kg，因为放在密封袋中，所以可以直接将密封袋放在文件盒里面，根据使用场所的不同，分成小份儿保存。

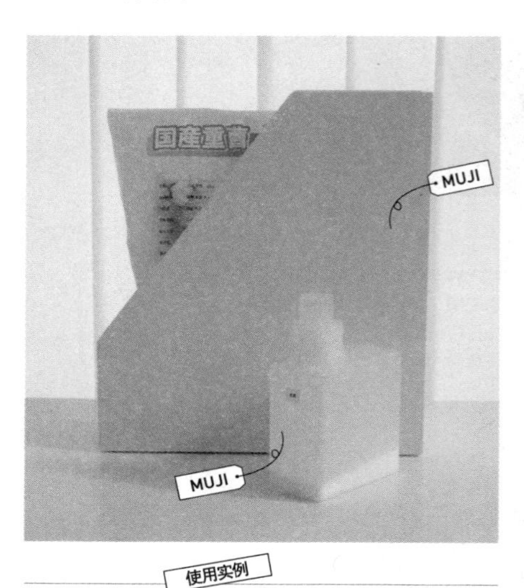

使用实例

煎锅
煎炒之后，煎锅沾满油污，倒入热水，再加入两小勺的小苏打即可轻松去除油污。

洗衣服
小苏打和洗衣液混合，具有除臭、去除黄色污渍的效果。

厨房　参照第20页

厕所　参照第52、53页

衣服类　参照第72页

电解水

在商场购买大容量的电解水，可用来清洗、除菌、除臭等。稀释前加入20滴精油，按1：5的比例稀释后放入喷壶中。

使用实例

厨房

可以有效清洁料理台和煤气灶上的油污。

置物架和桌子

清洁置物架和桌子时，稍微倒一点电解水，可以增加分解污渍的能力。因为没有使用专门的活性分解剂，也不用担心影响孩子的健康。

厕所　**参照第52页**

换气扇　**参照第60页**

复合地板　**参照第65页**

含氧漂白剂

购买写有“含氧”的漂白剂就可以了。

衣物

可以在洗衣服的时候，将其作为洗衣液倒入洗衣机中，具有很好的漂白效果。

打扫

将60℃左右的热水倒在洗面池中，然后溶解1勺漂白剂，用刷子蘸着清洁玄关、阳台等地方。

换气扇　**参照第24页**

抹布除菌　**参照第26页**

浴池　**参照第46页**

洗涤槽　**参照第50页**

厕所　**参照第53页**

精油

我常用的精油是柠檬精油、茶树精油、薄荷精油。在药妆店可以买到便宜又好用的薄荷精油，其他两种可以在网上买到。我比较喜欢MUJI的精油。

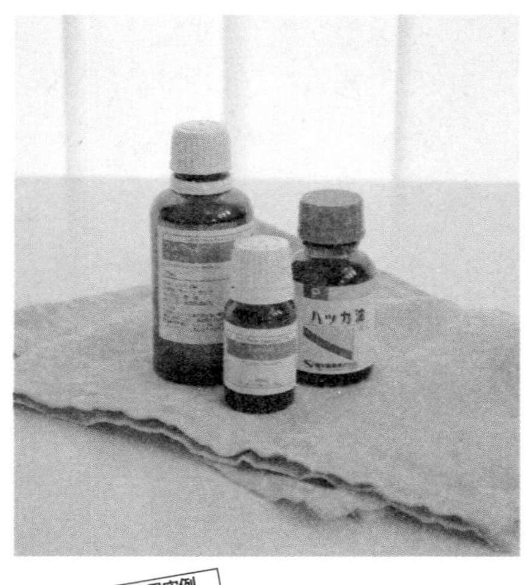

换气扇

参照第60页

除虫剂、除湿除臭剂

参照第72页

除臭、除菌喷雾剂

参照第73页

柠檬酸

主要在清洁有水的地方时使用。柠檬酸属于食品类，因此可以放心使用。无水柠檬酸不容易变成疙瘩状，有利于重复使用，因此按照常规保存即可。

使用实例

洗衣服

洗衣服时可以代替衣服柔顺剂。30 L的水中溶解1小勺的柠檬酸，洗衣服时放在洗衣机里放柔顺剂的地方就可以了。

水龙头

参照第16页

制冰机

参照第25页

厕所

参照第52页

除臭、除菌喷雾剂

参照第73页

酒精喷雾剂

柠檬酸和小苏打在哪里都可以配制，而我试过多种酒精喷雾剂之后，觉得最好用的是多佛尔牌的。这款喷雾剂除菌持久有效、使用方便，因为加入了从绿茶中提取出来的儿茶素，会给喷壶的喷射口染上茶色的痕迹，所以最好不要装在白色的喷壶中。包装设计简单，因此与室内设计也不会冲突。

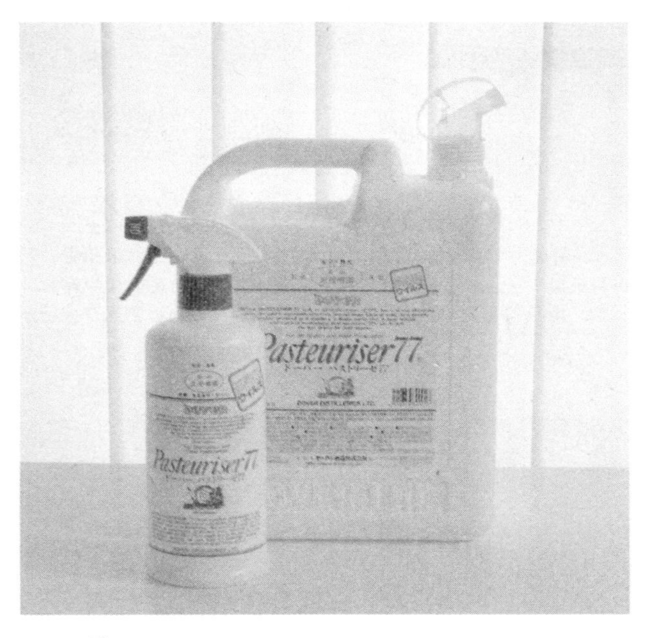

浴池

可以轻松去除霉菌。

参照第60页

厨房

可以去除水垢、除菌、清洗蔬菜和水果等。

参照第16页、第22页

作为酒精使用

有些酒精喷雾剂是可以代替酒精使用的。

参照第73页

镜子、玻璃

手触摸后在镜子上留下的痕迹可以轻松擦干净。

参照第48页、66页

推荐物品1

① 海绵

在商场购买4块海绵，将其切分成两半使用，每月更换一次。海绵吸附泡沫的能力强，并且可以迅速恢复原状。

② 生活垃圾箱

将生活垃圾放进垃圾箱中，倒完垃圾后煮沸消毒。因为垃圾箱的材质是陶瓷的，所以可以倒入开水后直接用火加热，非常方便。

③ 微纤维抹布

在Daiso百元店购买3块抹布，这种抹布不易破损，且吸水性好，用来打扫卫生非常方便。因为是纯白的颜色，所以使用漂白剂保持洁净。

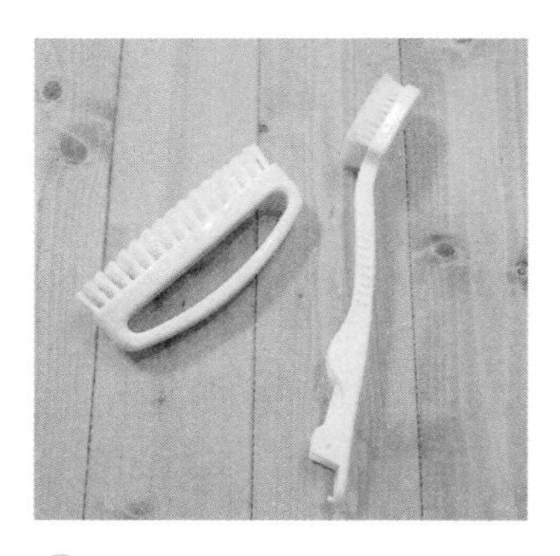

④ 刷子

上图左边的刷子用来清洁地板，右边的鞋刷用来清洁鞋子。

⑤ 托盘

吃饭时使用的托盘，大的是哥哥的，小的是妹妹的。有了这个托盘，孩子们就不会将食物洒在餐桌上，还能缩短饭后清理的时间。托盘两面有防滑设计，非常好用。

⑥ 肥皂托盘

这款肥皂托盘约36元，将肥皂水平摆放也不会滑落，斜面可以防水，因为是树脂制品，所以容易清洗。

⑦ 厨房用的肥皂

我用的是名为“白雪之诗”的无添加肥皂，可以轻易去除餐具上的油污，不仅能用来清洗餐具，还能洗手和洗抹布。

⑧ 装粉末类清洗剂的容器

这个容器可以装苏打等厨房使用的粉末类清洗剂，取用方便，非常好用。

推荐物品2

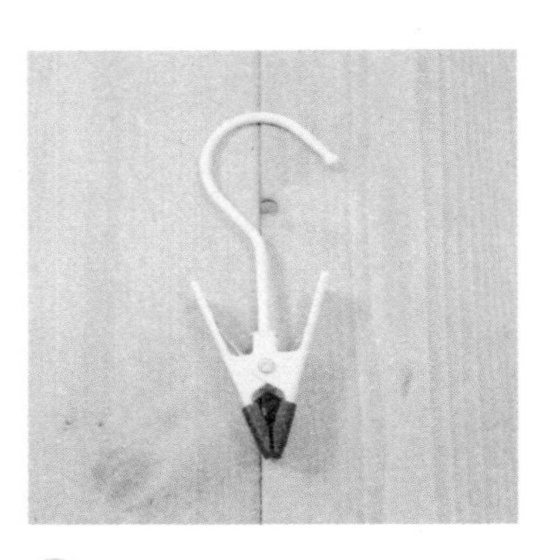

① 夹子

IKEA的ENUDDEN系列夹子两个约24元。夹子有防滑设计，因此即便是用来夹牙刷，也不用担心会掉下来。

② 折叠收纳盒

IKEA的SKUBB系列的收纳盒，不仅可以折叠，还有很多可选的尺寸。可以用来收纳洗好的衣物和其他物品。

③ 磁性收纳盒

将从医院买来的药品放入其中，用磁力吸附在冰箱侧面。不用的时候可以收起来。

④ 磁性夹子

Daiso百元店的磁性夹子非常好用，用来挂喷雾器也不会滑落。

⑤ 折叠收纳箱

在商店购买折叠收纳箱，将物品收纳其中。这款收纳箱是不透明的，看上去清爽，无压迫感。

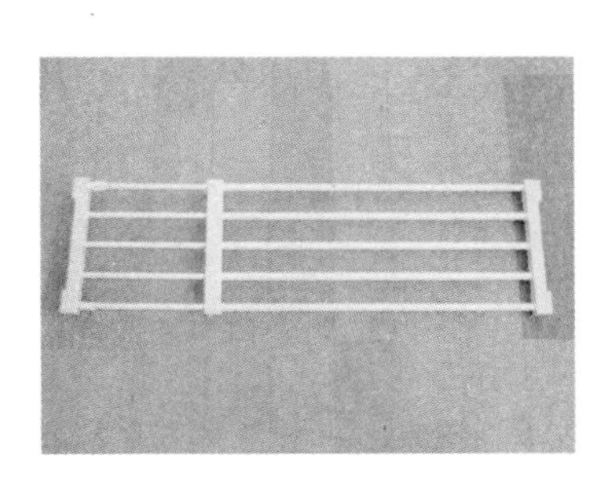

⑥ 可支撑伸缩架

平安伸铜工业的可支撑伸缩架是纯白的简洁设计，小的衣橱中使用2个即可。

⑦ 杂物收纳盒

可粘在沙发上的墙面上用来收纳物品，收纳盒的开口是边长8.5cm的正方形，可以用来收纳充电器、电线等。

⑧ 粘钩

粘钩可用于收纳盒的把手，粘贴部分也能轻松剥离，是让人赏心悦目的设计。

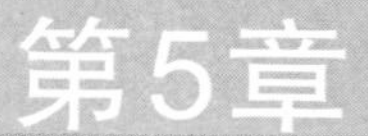

第5章

每天的饭菜都是常备菜和冷冻食品灵活搭配而成的料理

料理关乎家人的身体健康，因此我尽量亲手制作。虽说如此，但每一天、每一餐都现做，非常麻烦。

因为儿子年纪尚小，需要抱着的时候很多，所以经常会有“太累了不想做饭”“无论如何都不想做晚饭”的时候。

这时，帮我解决问题的是冰箱里的常备菜和冷冻食品。这些是周末或是平常做晚饭时顺便做的菜肴，做好后保存在冰箱里。

但是，制作常备菜却让自己更辛苦了，这有些本末倒置。一定要决定好制作时间、必需品等之后再制作，还可以做一些甜点。虽然很累，但家人的笑容是最重要的。

运动会需要的便当任何时候都要精心准备。

冬天总是做关东煮。

孩子生日时做的草莓蛋糕。

冰箱中的必备食材

生姜、葱、菌类等都是很容易用到的食材，因此可以一次性切很多，然后保存在冰箱里面。这样可以避免每次使用都要特意切这些容易用到的食材，加入料理中既能提味儿，还能增加色彩，好处多多。切这些食材时要去掉腐烂的部分。它们虽然不是料理的主要食材，但也是不可或缺的辅料。冷冻迅速，解冻方便，要点是平放保存。

● 菌类

丛生口蘑、金针菇、灰树花菌等菌类，去除菌柄头，放在保存袋中保存，可与味噌汁一起炒，或是用来炒饭。

● 味噌汤的配菜

去油之后的油炸豆腐、切好的白萝卜、胡萝卜、油菜等放在保存袋中保存，使用时将其放入汤料中即可。带叶子的白萝卜和芜菁也可。

小葱

将葱切成适当的大小，在容器中铺上厨房用纸巾，吸干容器里面的水分，然后将小葱放进去。如果有残留的水分，小葱会变得散乱。

贝类、海产

买回来之后洗干净附着的沙子，去除水分后放进保存袋保存，可以用来做味噌汁等。直接使用冷冻好的食材，非常方便。

剩下的蔬菜

买菜前先检查一下冰箱中是否还有剩下的蔬菜。剩下的蔬菜可以切成小块，混合在一起保存。炒饭或熬汤时可以使用，也可以和肉类混合炒制，还可以当作调味料使用，总之不要浪费。

生姜

将生姜切片和切丝，两种类型分别放在保存袋中保存，炒菜或煮炖时使用。

大蒜

剥掉皮之后，掰成一瓣一瓣的，然后放进保存袋保存。冷冻保存，很容易就能切成小块。

柚子皮

切成丝放在厨房用纸巾上，吸干水分放进保存袋，制作奶油蛋糕或凉拌菜时使用。

秘诀 65

从冰箱中取出直接食用的便利早餐组合

这个便利早餐组合可以拯救忙碌而慌乱的早餐时间。从米饭中可摄取营养，孩子们也容易下咽，鱼粉拌紫菜是我家早餐必备的食品，食用的时候，直接从冰箱中取出即可，毫不花费时间。

前一天晚上，添加海苔、即将溶解的味噌汁、酸奶、沙拉，就完成了。这样一来，我自己也能悠闲地享受早餐了。

沙遥家

最喜欢的鱼粉拌紫菜

通常2~3天可以吃完，但也有剩下的情况。如果没有吃完，就和米饭炒，做成炒饭。我家通常都会做很多存起来，冰箱保存的话，保质期为3~4天。

孩子不肯吃米饭时的救星

土豆小杂鱼蛋黄酱鱼粉拌紫菜

【材料】 土豆：160g 杂鱼干：50g 蛋黄酱：1大勺 盐、胡椒：各少许 紫菜：适量

【做法】 1.土豆削皮后切成小块，与杂鱼干、蛋黄酱一起在煎锅中翻炒。2.加入盐、胡椒调味，做好之后，可根据自己的喜好加入紫菜，就完成了。

孩子们也喜欢咖喱味，在翻炒的时候，我会用橄榄油，并加入一大勺咖喱粉。

冻豆腐提高营养价值

冻豆腐甜辣鸡肉松鱼粉拌紫菜

【材料】 冻豆腐：60g 鸡胸肉肉馅：150g 绿色蔬菜（什么蔬菜都可以）：60g 芝麻油：适量 碎芝麻：1大勺 ★（砂糖：3小勺，酒：1大勺，酱油：2大勺，料酒：1大勺，现磨生姜：少量）

【做法】 1.冻豆腐去除水分后切碎，绿色蔬菜切成细条。2.将步骤1中的食材加入煎锅，用芝麻油与肉馅、碎芝麻翻炒。3.将★的调料混合，加入步骤2中的食材。

不使用火的快速料理

裙带菜樱虾鱼粉拌紫菜

【材料】 裙带菜：150g 樱虾：5g 碎芝麻：1小勺 芝麻：2小勺 面汤料：1大勺 芝麻油：2小勺

【做法】 切好裙带菜，将所有材料都用调理碗混合在一起。

制作简单的饭团配菜

鲑鱼薄片

【材料】 咸鲑鱼切片：2片 酒、料酒：各少许 青紫苏：3片 芝麻：2小勺

【做法】 1.将鲑鱼片放入耐热容器，撒上酒和料酒，包上保鲜膜，放在微波炉里，以600W的功率加热4分钟（根据实际情况调节加热时间）。2.加热后，解开保鲜膜，去掉鱼骨和鱼皮，将切好的青紫苏和芝麻加入其中，混合。

秘诀 66

不想做晚餐时使用冷冻的主菜

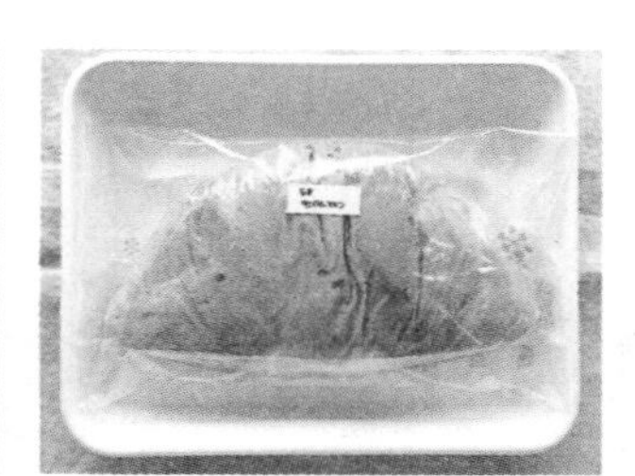

天气不好时不想出门买菜，外出回家没有做晚餐的时间……我经常会遇到这样的情况，这时如果有冷冻的主菜，那么无论何时都能直接拿到餐桌上食用。

冷冻的主菜有周末做好的常备菜，也有平常做晚餐时多做的菜肴。在冰箱里保存足够2~3次食用的菜肴的话，我会觉得做饭变得轻松。冷冻的主菜已经调好味道，所以只要用火加热即可。之后再稍微做一些配菜，家人就可以享用晚餐了。

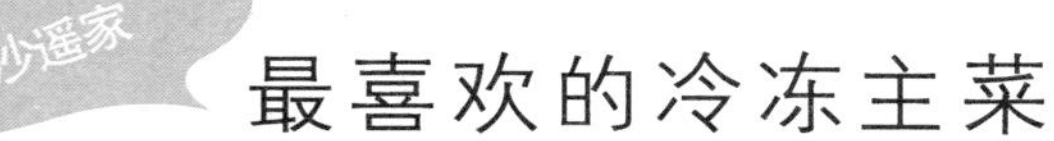

最喜欢的冷冻主菜

为了孩子和丈夫更有食欲，我非常重视给米饭添加美味配菜。以肉和鱼为主，蔬菜也非常丰富。分量是两个大人、两个小孩能吃完的量，可以在冰箱冷冻保存1个月左右。

便宜的牛肉也能使料理可口

烤肉

【材料】

牛肉切片：250g
洋葱：1个
胡萝卜：1根
青椒：3个

★（砂糖、辣酱：各1大勺，酱油、酒：各2大勺，蒜末：1小勺，淀粉：1/2小勺，芝麻油和白芝麻适量）

【做法】

1.牛肉切成大片，将洋葱、胡萝卜、青椒切细条。
2.将步骤1中的食材和★混合，放入保存袋中，让味道渗入肉和蔬菜。
3.将保存袋放平，去掉袋子里的空气，封口放进冰箱保存。

【料理的方法】

1.在锅里倒适量的油，将半解冻的食材放进锅里烹制，时常用筷子搅拌，防止菜肴烧焦。
2.完成之后加上芝麻油和白芝麻。

男孩子喜欢的盖饭

牛肉盖饭

【材料】

牛肉：300g
洋葱：1个

★（粉状汤料：2小勺，酱油：1/2杯，酒、料酒：各4大勺，砂糖：1大勺，蜂蜜：1大勺）

【做法】

1.切好牛肉，将洋葱切成薄片。
2.将★与步骤1的食材混合，放入保存袋，让肉和蔬菜入味。
3.平放保存袋，去除空气，封口放进冰箱。

【料理的方法】

1.将半解冻的菜肴和1/2杯水加入锅里煮。
2.根据个人口味加入红姜、鸡蛋和五香粉等调味。

忙碌时能直接食用的食物

春卷

【材料】

春卷皮：10张
猪肉馅：200g
粉丝：40g
胡萝卜：1根
韭菜：1/3捆
生姜：少许
淀粉：适量

★（砂糖、酱油、酒、料酒、胡麻油、中华汤料：各1小勺，碎芝麻：2小勺，水：40mL）

【做法】

1.用水浸泡粉丝，然后切短，去掉胡萝卜的根部，然后切丝。
2.在锅里倒入油和生姜，加热至香味飘出，然后加入猪肉翻炒。
3.在步骤2中加入胡萝卜和碎芝麻，将韭菜切成2~3cm长，加入锅里翻炒。
4.在步骤3中加入粉丝和★，炒至水分蒸发，加入淀粉勾芡的芡汁。
5.菜晾凉之后用春卷皮包好，放入保存袋中冷冻。

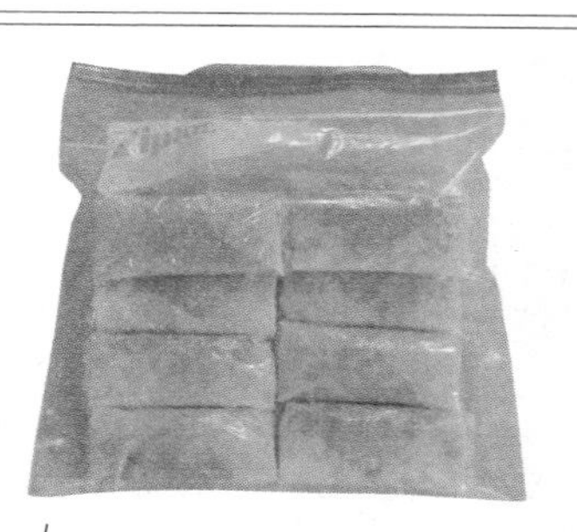

【料理的方法】

从冰箱中取出冷冻的春卷，拆掉保鲜膜，煎到黄褐色，煎炸时，油温从低温开始，逐渐增加。

【材料】

油甘鱼：6块

★（酱油、酒：各3大勺，料酒：1大勺，姜汁、蒜汁：各1小勺，咖喱粉：2小勺）

淀粉：适量

【做法】

1.油甘鱼去掉鱼骨之后切成容易入口的块状。
2.步骤1中加入★，放入保存袋，去除袋子里的空气，封口冷冻。

加入能勾起食欲的咖喱，可以增加香味

咖喱油甘鱼

【料理的方法】

解冻后加入淀粉，用中温的油煎炸。

【材料】

鸡肉：2块
洋葱：1个
丛生口蘑：1/2袋

★（番茄罐头：1个，番茄酱：2大勺，蚝油、橄榄油：各1大勺，鸡汤汤料：2小勺，月桂：1片，蒜汁：1小勺，脱脂牛奶：50mL，盐、胡椒：少许）

淀粉：2大勺

【做法】

1.把鸡肉切成容易入口的大小，洋葱切片，蘑菇去掉菌柄头。
2.在步骤1中加入★，放入保存袋中，去掉袋子里的空气，封口冷冻。

多种食物搭配都很好吃

番茄奶油煮鸡肉

【料理的方法】

1.解冻到半冷冻的状态放进锅里煮。
2.煮好之后加入水溶性淀粉勾芡。

煮好之后可以立刻食用，如果有剩余可以在第二天加入芝士，和面包一同食用。如果不用淀粉勾芡的话，加入意大利面的调味汁也很美味。

因为有常备菜，准备便当就会变得轻松

前一天晚上会考虑便当的菜单，主菜是当天早上做，配菜则是冰箱里的常备菜。便当的主菜偶尔也会使用前一天晚餐的配菜。

常备菜是周末准备，但是如果做菜的时间过长，就没办法好好休息，而且做得太多也会剩下，我的原则是，决定“什么时候需要”“只做必要的菜肴”“1小时以内做好”。周三左右冰箱的常备菜会减少，这时，做晚饭时我会再做一些常备菜。

今天的便当主菜也是常备菜，很快就完成了，这是我的便当盒。

这是某天的晚饭，即使是忙碌的日子，家人也能享受美味，绽放笑容。

喜欢的常备菜

家人喜欢的食物菜谱我都记录在笔记本上，放在冰箱的抽屉里面。做菜时，无论做什么都记录在菜谱上，这样有助于考虑下一周的菜单。

秘诀是提升切块猪肉的口感！
猪肉切块的肉味噌

【材料】

猪肉切块：350g
青菜（什么青菜都可以）：60g
胡萝卜：50g

★（酒：1大勺，味噌：2大勺，砂糖、酱油：各1小勺）

【做法】

1.将猪肉切块，将胡萝卜和青菜切碎。
2.在锅里加入油，炒步骤1准备好的材料，剩下的油用厨房用纸巾擦干净。
3.在步骤2中加入★调味。

讨厌胡萝卜的人也会吃完？
罗勒叶腌胡萝卜

【材料】

胡萝卜：1根
洋葱：1/2个

★（罗勒酱：3大勺，芝士粉：1小勺，橄榄油：2大勺，盐、胡椒：各少许，米醋：3大勺）

【做法】

1.用削皮器将胡萝卜削成薄片，在热水里煮15秒，洋葱切成细小的碎末，去掉水分。
2.将★的调料加入步骤1，提味。

作为小吃也很推荐！
芝麻橙子醋拌鸡皮黄瓜胡萝卜

【材料】

鸡皮：约190g
黄瓜：2根
胡萝卜：1/2根

★（芝麻碎末：3大勺，白芝麻：2大勺，橙子醋：3大勺）

【做法】

1.鸡皮切成细条，焯水，关火之后立刻放进冷水冷却，去除水分。
2.黄瓜和胡萝卜切丝，与步骤1的食材混合，加入★调味。

这是最具人气的便当菜谱
羊栖菜炸肉丸

【材料】

干羊栖菜：2大勺
猪肉：300g
盐、胡椒：各少许
淀粉：1大勺
面包粉：3大勺
牛奶：2大勺

★（伍斯特辣酱油：2大勺，料酒：1大勺，番茄酱：6大勺）

【做法】

1.用手将猪肉与盐、胡椒、淀粉混合，加入面包粉、牛奶。再加入泡发的羊栖菜，做成容易入口大小的丸子。
2.将★加入小锅里面煮，再加入步骤1的食材，与之搅拌。可根据个人口味加入荷兰芹。

秘诀 69

如果自己做点心，家人会更开心

如果孩子们每天的茶点时间、朋友聚会、丈夫的休息时光都能有自己做的点心与之相配，一定可以更加愉快地度过休闲时光。点心不仅美味，还让聊天时光更愉快。在写食谱的时候，我会加入点心的制作，并试着记录在笔记本上。

加入米粉，口感更佳

加入米粉的松糕

【材料】

6份9cm长的松糕
米粉：30g
小麦粉：70g
脱脂牛奶：1大勺
发酵粉：1/2小勺
槭糖浆、米糠油：各4大勺
鸡蛋：2个
香油：6滴

【做法】

1.烤箱预热到180℃，材料放入餐具里面混合。
2.在模具里定型，在180℃的烤箱里烤制20分钟。

小插曲

我想做出小时候妈妈的味道，所以将米糠油和黄豆粉加入其中。组合搭配也很有趣。

扫除
收纳
料理

如果不想吃了，可以切片烤制

加入豆腐渣和全麦粉的冷冻曲奇饼干

材料：（约12片）

（胡萝卜芝麻味）

豆腐渣粉末：10g
小麦粉：30g
全麦粉、砂糖、胡萝卜碎末：各40g
米糠油：4/3大勺
豆浆、芝麻：各2小勺

（青椒味）

豆腐渣粉末：10g
小麦粉：30g
全麦粉：40g
青椒（切丝，微波炉600W加热1分钟）：1个
槭糖浆：4大勺
砂糖：2大勺
米糠油：4/3大勺

（黄豆粉味）

豆腐渣粉末：10g
小麦粉：30g
全麦粉、砂糖：各40g
黄豆粉：2小勺
米糠油：4/3大勺
豆浆：7/3大勺

【做法】

将材料混合，包成筒状放入保存袋冷冻。

【料理的方法】

1.调整烤箱温度，达到180℃。
2.从冰箱取出冷冻好的食材，用菜刀切成3份，厚度为0.5mm。
3.在切好的食材上覆盖饼干包装薄膜，放进烤箱，烤制15分钟。

冷却之后加入干燥剂保存，可以保存4天。

我女儿不喜欢吃蔬菜，我将蔬菜混合到饼干里面，她吃的时候会说：“这里面有青椒哦，我吃掉了。”同时露出非常满足的笑容。

制作简单且口感浓厚，可与咖啡一同食用！
巧克力蛋糕

【材料】

6份的食材

巧克力：100g
豆奶：3大勺
鸡蛋：2个
砂糖：2大勺
米糠油：10/3大勺
小麦粉：30g

【做法】

1.烤箱温度调整到180℃。
2.将巧克力和豆奶放进耐热容器里面，在500W的微波炉里加热30秒，取出后搅拌，然后再放进微波炉加热10秒，直到巧克力完全溶解。
3.在容器里面加入蛋白，用手摇搅拌器打泡，起泡之后加入一半砂糖，制作蛋白酥。
4.蛋黄和剩下的一半砂糖、米糠油混合，再加入小麦粉，然后先加入1/3的步骤3中的蛋白酥，混合搅拌之后，再将剩下的蛋白酥加入混合。
5.将材料放进模型纸，在180℃的烤箱里烤制20分钟（烤制时间可根据烤箱类型调整）。

小插曲

我有个朋友，是在儿子小时候认识的，她非常喜欢吃这种巧克力蛋糕，吃的时候孩子们也很开心，可以聊很多话题。

扫除
收纳
料理

要点是美味的面包屑

苹果面包屑蛋糕

【材料】

直径16cm的蛋糕

苹果：1个
小麦粉：80g
鸡蛋：1个
砂糖：2大勺
米糠油、豆奶：各4/3大勺
发酵粉：1小勺

面包屑

小麦粉：40g
芝麻：1大勺
砂糖：5/3大勺
米糠油：4/3大勺

【做法】

1.苹果去皮切好，盖上保鲜膜放进600W的微波炉加热4分钟，取出后搅拌混合，然后再加热4分钟。
2.烤箱调整到180℃。
3.在步骤1的食材中加入鸡蛋、砂糖、米糠油、豆奶、发酵粉，混合。
4.在步骤3的食材中加入小麦粉。
5.面包屑全部材料放进保存袋混合，变成扑簌簌的状态再混合。
6.用模型纸塑造步骤4的食材，使之变成蛋糕的形状，再在上面加入面包屑，放进烤箱烤25分钟。

我丈夫很喜欢这款蛋糕，我们会在孩子们入睡后，倒一杯咖啡，一边吃一边聊天。

沙遥女士的打扫笔记

这个笔记不是为了每天都能彻底打扫，而是为了知道哪里需要打扫，需要打扫到什么程度，什么地方需要什么时间打扫等情况。根据自身的生活习惯和生活步调，请灵活使用打扫笔记。

▼一月检查表
☐ 换气扇
☐ 彻底打扫浴室
☐ 洗干净排水管
☐ 洗衣机除菌
☐ 空调
☐ 沙发
☐ 窗户
☐ 窗沿
☐
☐
☐
memo
☐
☐
☐
☐
☐

▼一周检查表	1周	2周	3周	4周
厨房除菌	☐	☐	☐	☐
微波炉、电烤炉	☐	☐	☐	☐
擦风铃、护墙板	☐	☐	☐	☐
晾干被单	☐	☐	☐	☐
卫生间除菌	☐	☐	☐	☐
空气净化器	☐	☐	☐	☐
整理冰箱、打扫	☐	☐	☐	☐
	☐	☐	☐	☐
	☐	☐	☐	☐
	☐	☐	☐	☐
	☐	☐	☐	☐
	☐	☐	☐	☐
	☐	☐	☐	☐
	☐	☐	☐	☐

复印

▼一月检查表

☐
☐
☐
☐
☐
☐
☐
☐
☐
☐
☐

memo

☐
☐
☐
☐
☐

▼一周检查表	1周	2周	3周	4周
	☐	☐	☐	☐
	☐	☐	☐	☐
	☐	☐	☐	☐
	☐	☐	☐	☐
	☐	☐	☐	☐
	☐	☐	☐	☐
	☐	☐	☐	☐
	☐	☐	☐	☐
	☐	☐	☐	☐
	☐	☐	☐	☐
	☐	☐	☐	☐
	☐	☐	☐	☐
	☐	☐	☐	☐
	☐	☐	☐	☐

后记

感谢您读到了最后。

1天24小时，虽然家务时间根据个人情况均有不同，但是读了这本书，希望您可以建立“明天是更美好的一天”的计划。

我虽然是一个家庭主妇，但在两年前，也曾用博客记录我自己的“家务秘诀”，不知不觉，网络就变成了我与那些同样对教育孩子、做家务等烦恼的主妇们交流、互动、相互鼓励的场所。以本书出版为契机，感谢通过博客认识的每一个人。

虽然作者是我，但是我要感谢撰稿人本间先生、日文编辑黑部先生。在出版时，各位给了我大力支持。在此致上诚挚谢意。

沙遥

2017年1月

图书在版编目（CIP）数据

好生活是整理出来的 /（日）沙遥著 ；郝晓宇译
. -- 南京 ：江苏凤凰文艺出版社，2019.3
ISBN 978-7-5594-3258-2

Ⅰ. ①好… Ⅱ. ①沙… ②郝… Ⅲ. ①家庭生活－基本知识 Ⅳ. ① TS976.3

中国版本图书馆 CIP 数据核字 (2019) 第 016031 号

书　　名	好生活是整理出来的
著　　者	[日] 沙　遥
译　　者	郝晓宇
责任编辑	孙金荣
特约编辑	陈舒婷
项目策划	凤凰空间/陈舒婷
出版发行	江苏凤凰文艺出版社
出版社地址	南京市中央路165号，邮编：210009
出版社网址	http://www.jswenyi.com
印　　刷	北京建宏印刷有限公司
开　　本	889毫米×1194毫米　1/32
印　　张	4
字　　数	102.4千字
版　　次	2019年3月第1版　2024年4月第2次印刷
标准书号	ISBN 978-7-5594-3258-2
定　　价	45.00元